JN235823

はじめに

このごろでは余り聞かなくなりましたが，昔よく言われた言葉に，「中学受験は親の受験」という言葉がありました．最近では，教育熱の高まりを背景(はいけい)にして，いわゆる「お受験」が親の受験なのでしょうか．それとも，共働きが増え，子供に構ってやる時間が多く取れなくなってしまったので，親が中学受験に関与する割合が以前より減ってしまったのでしょうか．

いずれにせよ，この言葉の背景には，親が子供に働きかけ，語りかけ，直に接し，一緒に学んでいこうとする姿勢を見せることによってこそ，子供に良い学習環(かん)境(きょう)が保証され，子供たちが喜んで勉強し，中学受験に合格していくという古きよき時代の名残が反映されているように思います．

しかし私は思うのですが，塾全盛の時代になり，低学年から塾教材に頼(たよ)る人が多くなった今の時代でも，実は中学受験は親の受験なのです．親が子供と一緒に面白がって学んでやり，子供にさりげない工(く)夫(ふう)や知恵を授け，子供にたくましい挑(ちょう)戦(せん)の意(い)欲(よく)を起こさせる家庭と，親が何もせずに子供を放っておき塾に放(ほう)り込(こ)むだけである家庭では，子供の学力には，天と地の差がついてしまいます．これは空理空論ではなく，私が今まで見てきた親や子供たちについてかなり経験的に当てはまります．

まあ，冗談めかして言うと，塾などで伸びが今ひとつ良くない生徒がいたりすると，父母面談をする教務関係の人たちは，「まあ，親があんな調子だからね，」等とこともなげに片付けてしまったりするのですから．

また，数学が好きで子供といっしょに算数を学んでやるパパやママがいる家庭に，すごく算数ができる子供が多いのも事実なのです．

でも，一緒に本を読んでやるぐらいならいざ知らず，このごろは親たちでさえ，算数と聞いただけで，「うーん，私も子供の頃(ころ)算数は苦手だったー」と，子供と学ぶ姿勢を持つ前にしり込(こ)みしてしまいがちです．

それでは，親と子が一緒に楽しみながら，中学受験の算数に立ち向かっていくことができるような本を作ってやろうじゃないか．こんな考えから生まれてきたのがこの本です．

親の皆さんもぜひ子供と一緒に体当たりでこの本に取り組んでみてください．時には，難しい，と筆者にぶつぶつ言いたくなることもあるでしょうが，時には，うーん，子供とこんな面白い問題に出会えて幸せだと思うときもきっとありますよ．

では，ここで小難しい講釈はお終いにして，はじまりはじまりー．

2002年4月　　　　　　　　栗田哲也

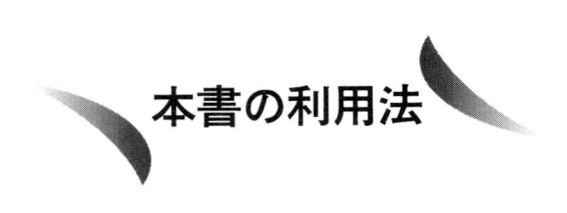

本書の利用法

読者対象
　中学受験を目指して，小学校5，6年のお子さんと一緒に算数を学びたいと思う，すべてのご両親．そして，算数の家庭教師を引き受けてしまったが，自分も余り算数は教えた経験がないぞと少しばかり気後れしているすべての家庭教師のかた．ものすごく自信があり，本を読みながら自習できるという，小学生のかた．算数教育に関心があり，いろいろな教え方を知りたいと思っていらっしゃる教育関係のかた．

この本を読む前提
　余り高度な知識は要らないのですが，分数の四則計算がこなせるぐらいの計算力と，基本的な和算の知識は必要です．ここで基本的な和算とは何をさすかというと，植木算，鶴亀算，差集め算，旅人算，流水算，倍数算，消去算，相当算で，その基本的なところは理解してから取り掛かったほうが効果は高いでしょう．また，比について一応学習してあること（高度な知識は不要），速さ×時間＝距離　であること，食塩水について，食塩水の重さ×濃度＝食塩の重さであること．こんなことも前提として知っておいたほうが良いです．まあ，現在の都市部の小学生で受験を目指している子供なら，遅くても小学校5年生までに仕上がっている程度の知識があれば十分です．

　念のため付け加えておきますが，親にも子供にも，知識よりも意欲が必要です．

本書の構成と利用法
　全体はそれぞれ大きなテーマをもつ11の章からなっています．これはとりあえず，勉強する（読み進む）時間的には11ヶ月という意味にとって下さって構いません．1つ1つの章は，6日分に分かれています．1日分は，見開き2ページで，一つの小テーマから構成されています．

　本文の1ページは，仮想親の「父」と仮想子供の「二郎」との対話形式で，算数の問題を一つ一つ解いていくというようになっています．ページの左には■や⇨で始まるコメントがありますが，⇨はご両親や指導者向けの情報を，■はそれ以外の補足や情報を表します．1日分の2ページの内容をヒントにされながら，親と子で議論しあったりして，2時間ぐらいでゆったりと2ページを読まれたらいかがでしょうか．

　後半にはかなり高度な発想も出てきます．こうした面白いところに目を開かせ，印象付けてやるのも親の手ほどきのうちでしょう．

本書に関連した勉強法について
　本書だけをやれば受験は完璧かというとそうではありません．あと2つの要素が必要です．その1つは，基本的で，類型的な問題集を1冊何回も繰り返しやることです．しかし，塾に通っている人はこれは日々訓練されていることでしょう．東京出版の出版物としては，『プラスワン問題集』か，『ステップアップ演習』を繰り返すとその効果が得られます．

　後一つは，難しいといわれる古典的な問題を数十問，十分に時間をかけてやり，考える体験を積むことですね．（有名中学の過去問で，そのセットの大問の中で難しいほうの問題を沢山やれば自然と身につきます．）

親と子の
算数アドベンチャー

栗田 哲也 著

目次

はじめに	………1
本書の利用法	………2
1. 計算法則からの発展	………4
2. 整理・分類の方法	……16
3. 比べるということ	……28
4. 比からの発展	……40
5. 比のまとめ	……52
6. モデルと実験	……64
7. 言いかえの効用	……76
8. 目で見て考える	……88
9. 立体の見方	……100
10. 立体の表面積から断面図まで	……112
11. 見当をつける	……124
あとがき	……136

ステージ1

計算法則からの発展

登場人物の二郎は今年は中学受験生．ふだんはワンパクな男の子ですが，ちょっぴり不安な気もしています．彼には「算数を教えてやるぞ」という少々おせっかいな父親と，去年中学受験をすませた年子の兄一郎がいます．さあ，今日からひと月に6日間父親と算数のお勉強です．ひと月目のテーマは「計算」とのことですが，果たして…

1日目

■今回の解説は新5年生の皆さんも大丈夫．新6年生は復習に役立てましょう．

■まず問題にとりくんでみましょう．

二郎　来年はもう受験か．受験生なんて気がまだしないよ．何だか不安だなあ．
父　今日から，昔とったきねづかで，少しずつ算数を教えてやるよ．お父さんはな，昔は算数が得意だった．
二郎　大丈夫かなあ．もう30年も経っているんだろ？
父　信ずるものは救われる，だよ．次の問題を見てごらん．

> **問題**　次の計算をせよ．（制限時間2分）
> （1）　5996＋9998＋8996＋7999
> （2）　25×56×3×125×28

二郎　何だ．こんなのは簡単だよ．（ノートを出して計算する）ほら，できた．
父　（のぞきこんで）うん．答えはあっとるぞ．でも，おまえは律儀者だなあ．筆算でやってるんだから．
二郎　じゃ，どうやれっていうのさ．

■類題をたくさん，工夫しながら暗算でやってみて下さい．例えば
125×96＝
28×25＝
9999＋999＋99＋9＝

父　（1）は，99…が目立つのに気がついたかな．6千と1万と9千と8千をたしてから，4と2と4と1をひけばよい．3万3千−11で，答えは **32989**
（2）は，25×4＝100，125×8＝1000をまず頭に入れておく．
すると，56＝8×7，28＝4×7という分解に気づくだろう．あとは，
与式＝（25×4）×（125×8）×7×7×3と工夫すれば
7×（7×3）＝147に0を5つつけて，答は **14700000**

⇨交換の法則や結合の法則の話もしてあげたいところです．

二郎　ふーん，ずいぶん楽そうだけど…計算の順番をかえたり，56を8×7に分解してみたり工夫するのはたいへんそうだな．
父　たし算だけの式，また，かけ算だけの式は，どのような順番で計算してもよい．また，9998をたすときは1万をたしてから2をひけばいいんだよ．
お父さんが小学校のとき，先生から出された問題で，
2×2×2×2×2×5×5×5

というのがあった．計算の順序をかえると，（2×5＝10）が3組あって，残りは，2×2＝4だから，答は暗算でも4000と出せる．だけど，お父さんはまちがえた．それで，よくおぼえている．

二郎 きっとお父さんも律儀な人だったんだね…．で，次の問題は？

> **問題** 右の図を利用して，次の計算をせよ．
> （1） 1＋2＋3＋4＋5＋6＋7
>   　　＋8＋7＋6＋5＋4＋3＋2＋1
> （2） 1＋2＋3＋4＋5＋6＋7
> （3） 1＋3＋5＋7＋9＋11＋13＋15

⇨ 1から100までの整数をすべてたすという問題は，ガウスが幼少のころ解いたとして有名です．

■ 1＋2＋3＋4＋…は

のようになるので，三角数と呼ばれます．

1＋3＋5＋7＋…は

のようになるので，四角数と呼ばれます．

二郎 うーん．計算するだけなら簡単そうだけど，右の図ってなんだい，こりゃ．

父 これは難しかったかな．図1を見てごらん．こういうふうに区切ると…

二郎 あっ．左上から数えると，1＋2＋3＋…になってる．(1)と全く同じだ．

父 つまり，(1)は，8×8＝**64** (2)は？

二郎 もう，わかったよ．(1)から8をひくと，1から7までが2組残るから，2でわればいいんだ．えーと，(8×8－8)÷2＝**28**

父 次は(3)だ．図2のようにカギ型に区切ると，8×8は，1＋3＋5＋7＋9＋11＋13＋15になっているだろう？

二郎 本当に，いろいろな考え方があるもんだね．そういえば，このあいだ学校の先生が，「2＋5＋8＋……＋59＋62＋65を計算せよ」って問題を出したんだけど，これもちょっと似てるかな．

父 できたのかな？

二郎 強引に計算して答えはあってたよ．でも，うまいやり方があるんだって．

父 よく知られているのは，逆順にたすというやり方だ．

二郎 何だい，それは．

父 2＋5＋8＋……＋59＋62＋65 は，いくつの数のたし算かな？

二郎 2から65まで3つおきだから，(65－2)÷3＝21 が「あいだの数」だね．すると植木算で，21＋1＝22(個)の数ってことになるね．

⇨ 学習の進んだ子には，
1＋2＋3＋…＋n
＝n×(n＋1)÷2
や，等差数列の和
＝$\frac{1}{2}$×(項数)
　　×(初項＋末項)
なども教えるとよいでしょう．

父 その22個の数を右のようにたす．何か気づくかな？

正順　　2＋ 5＋ 8＋……………＋59＋62＋65
逆順 ＋)65＋62＋59＋……………＋ 8＋ 5＋ 2
　　　　□＋□＋□＋……………＋□＋□＋□

二郎 あ，たてにたすと□が全部67だ．上の段の和も下の段の和も同じだから，　67×22(個)÷2＝**737**　が答えでいいのかな？

父 よくできた．その通りだ．できたところで，今日はこれまでとしよう．

■ 1から100までの数のうち，奇数だけを全部たしてみて下さい．

答　2500 (＝50×50)

2日目

(二郎が一生けんめいに,父親の作ったテストに取りくんでいる)

■自信のある人は3問あわせて20分ぐらいで,あまり自信のない人は40分ぐらいで,じっくりと考えてください.

テスト

① 右図の黒丸印の点は各辺の5等分点である.網目部分の面積の和は三角形全体の面積の何分のいくつか.

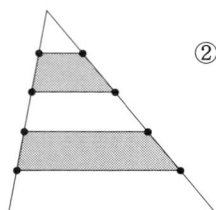

② 下の図を利用して,次の計算をせよ.
$1+2+4+8+16+32+64+128$

③ 下の図を利用して,次の計算をせよ.
$1×1+2×2+3×3+4×4+5×5$

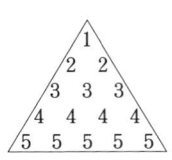

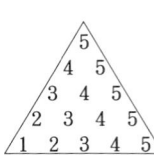

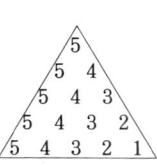

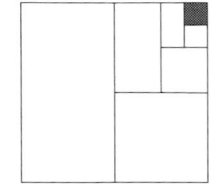

二郎 あーあ,いやになっちゃうなあ.1番はよくわからないし,2番と3番はそのまま計算した方がよほどはやそうだし.それにしても父さんはどこに行っちゃったんだろう.おや,棚の上に何かおいてあるぞ.

(棚の上にはメモ用紙があり,何か書かれている.二郎はそれを読む.)

> 二郎へ.お父さんはちょっと床屋に出かけてくる.テストがわからなかったら,次のヒントを読んで,また考えなさい.
> ①のヒント:離れた網目をくっつけて考えよ.
> 　　　　　　台形の面積の出し方は?
> ②のヒント:$1+2+\cdots+64+128$ は図の中に隠れている.どこに隠れているか考えなさい.
> ③のヒント:同じ部分の数をたせ.

⇨数列の和を求める考え方と,台形の面積の公式を出す考え方には,離散量(とびとびの数)と連続量(ここでは面積のこと)の違いはありますが,構造は同じです.そこの理解を,いろいろな例を出して理解させたいところです.

二郎 何だあ,これは.離れた網目をくっつけるだって?台形の面積?うーん.

(しばらく考えこむ)

そういえば,きのう逆順にたすとかやったなあ.台形の面積の公式を出すには,さかさまにくっつけた.

みんなさかさまだ.よし,さかさまなのを作ってみよう.(右のような図をかく)

あっ,わかった.**5分の2**だ.

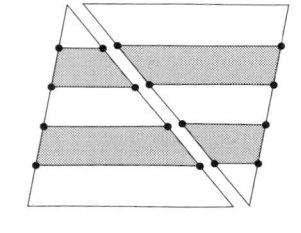

②番もヒントを見れば大丈夫かなあ.1,2,4,8,16………って

■この種の問題は入試でもよく扱われます．

数字は次々に2倍になってるけど．
この図の中に，2倍がかくれているのかな．
（図1のように少し細かい図をかいて考えこむ）
あっ，わかったぞ．
こういうふうに数字を書きこめばいいんだ．
（図2のように書きこむ）
1とか2とか4とかは面積をあらわすと考えればいいんだ．全体は128×2＝256だから，
答は，256－1で **255** だ．

図1

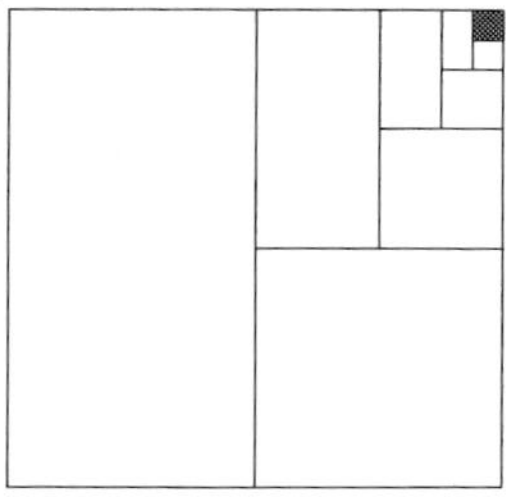

図2

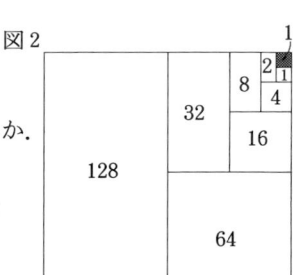

⇨等比数列の和の公式も教えてあげたいところですが，右のような面積を使う方法には無理があります．

父　（帰ってきてノートをのぞく）
ほう，①も②もできたなんてすごいじゃないか．
ところで，もしも②番が
$$1+2+4+8+16+32+64+128+256+512$$
だったら，同じようにできるかな．

二郎　たぶん，512×2－1＝**1023** になる．

父　では，$1+\frac{1}{2}+\frac{1}{4}+\frac{1}{8}+\frac{1}{16}+\frac{1}{32}+\frac{1}{64}$ は？

■ $1+2+4+8+16$ に $\frac{1}{16}$ をかけると
$$\frac{1}{16}+\frac{1}{8}+\frac{1}{4}+\frac{1}{2}+1$$
となり，
$$1+\frac{1}{2}+\frac{1}{4}+\frac{1}{8}+\frac{1}{16}$$
と同じになります．

二郎　（しばらく考えて）
わかったよ．次みたい（右図3）に書きこめばいいんだ．正方形全体から，網目部分をひけばいいから，$2-\frac{1}{64}=1\frac{63}{64}$

図3

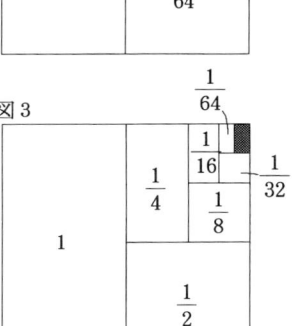

父　おっと，ずいぶんわかってきたな．③番は？

二郎　それが全くだめなんだ．見当もつかない．

父　1番上にある数は，1と5と5だろう．これを全部たすと………

二郎　11だよ．

父　1番右下にある数も，5と5と1だから，たすと11だね．

二郎　あっ！　同じ部分の数をたせって，そういう意味だったのか．
（ノートをとり出して，次のようにかく）

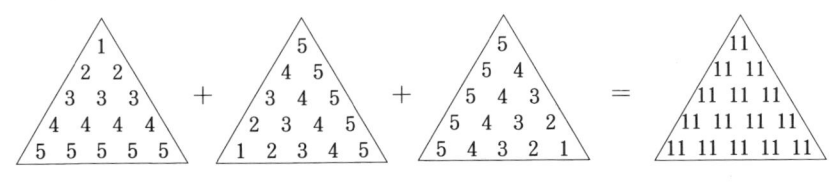

⇨ $1^2+2^2+3^2+4^2+5^2$ の求め方の一例です．難しいと思いますのでじっくりと理解させて下さい．

$1^2+2^2+……+100^2$ のような一般形に発展させて教えても，わかる子もいるでしょう．ちなみに，法政二中の過去問に類題あり．

全部11になってる!!

父　だから，1枚にかかれている数の和は，(11×15)÷3＝**55** だ．

二郎　15って何？

父　1枚にかかれている数字の数，つまり場所の数で，1＋2＋3＋4＋5 のことだ．1枚の板にかかれている数字は，1が1個，2が2個，3が3個，4が4個，5が5個だから，1×1＋2×2＋3×3＋4×4＋5×5＝55 となる．

3日目

（机をはさんで父と二郎が向きあっている．二郎の前には右のようなメモ用紙）

① 96×3.14＋88×3.14＋16×3.14＝

② 9でわると3余る数と，9でわると5余る数をかけてから9でわると余りはいくつか．

父 どうだ．見当はついたかな．

二郎 （腕ぐみをしている．やがて目をあげ）①番の方はわかったみたいだ．面積を考えればいいんだね．

3つ別々に筆算でかけてたから，あんなに面倒臭かったんだ．

父 では，答えをいってみなさい．

二郎 ①の長方形の横の長さは，
$$96＋88＋16＝200$$
だよね．じゃあ，$200×3.14=\mathbf{628}$
が答えだ．これなら暗算で，できらあ．

父 つまりだな，
$$96×3.14＋88×3.14＋16×3.14＝(96＋88＋16)×3.14＝200×3.14$$
のように，まとめられるということだ．

96や88，16，3.14などの数を文字であらわすと，一般に，
$$a×b＋a×c＋a×d＝a×(b＋c＋d)\cdots\cdots\text{あ} \quad \text{となる．}$$

イコールの左右を逆にすると $a×(b＋c＋d)＝a×b＋a×c＋a×d$

で，a は矢印のように，b にも c にも d にもかけられている．

まるで a が（ ）の中の3つに分配されているように見えるから，これを分配の法則という．（右図）

あの式はその逆で，ばらばらな所にある3.14を，1か所にまとめ，96と88と16をたしてから，3.14をかけたわけだ．

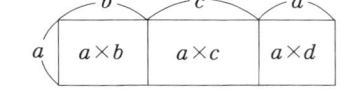

二郎 ②も，ヒントの図は何だか①に似てるよね．でもわからない．降参だ．

父 じゃあ，もう少し書いてみよう．（右図のように書く．）長方形の，

縦の長さは9でわると3余る数を
横の長さは9でわると5余る数を

表す．縦×横で面積が出るが，これを図のようにA〜Dの4つの部分に分ける．どうだ．Aは9でわりきれるかな？

二郎 （9×いくつか）×（9×いくつか）だからわりきれるよ．Bはどうだろう．これも（9×いくつか）×5だから9でわりきれる．Cも大丈夫だ．すると…わかった！残りのDが9でわるといくつになるかで決まるんだ．

$D＝3×5＝15$，$15÷9＝1$ 余り 6 だから答えは **6** だ．

そうかあ，余りだけで考えればいいわけだ．

父 いいところに気がついた．では，さっそくだが類題をやってみよう．

■①のような計算問題は入試頻出です．（よく出ます）

⇨分配の法則という言葉はきっちりおぼえさせてあげましょう．この法則を面積図で理解できたら，本来は中3で習う展開の初歩について教えてあげてもよいかもしれません．（上級者のみ）

■7でわると3あまる数から7でわると6あまる数をひいて，その答に7でわると5余る数をかけたとき，その結果を7でわった余りはいくつですか．

| 問題 | （1） 65812を9でわると余りはいくつか．〔暗算で出せ〕
（2） 88888×5555を9でわると余りはいくつか．〔〃〕
（3） 67×63を暗算で計算せよ． |

⇨ 3, 4, 5, 9の倍数の見分け方はぜひ教えてあげたいところです．7や11の倍数の見分け方については，少し難しいので，学習が進んだ子にだけ教えるべきでしょう．

二郎　（1）（2）はわからないけど，（3）のやり方は兄さんが教えてくれたことがあるよ．理由はわからないけどね．6×(6+1)=42 と 7×3=21 を横に書き並べて，答えは **4221** だ．

　　　でも，なぜだろう．長方形を書いてみようか．
（右のような図を書いてじっと考えこむと，父がそっと下に図を書き加える．）
　　　………
　　　何だい，これは．Bが横にくっついたぞ．
　　　おや，　60×70＝4200
　　　　　　　3×7＝　21
で，たてにたすと，6×7 と 3×7 を横に並べた格好だな．……ああ，わかったよ．ここまで書いてくれればわかるよ．

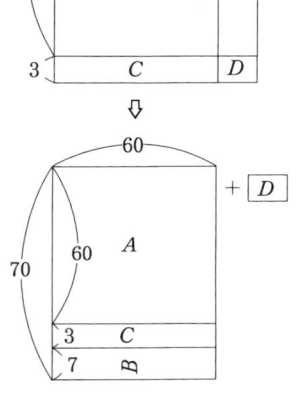

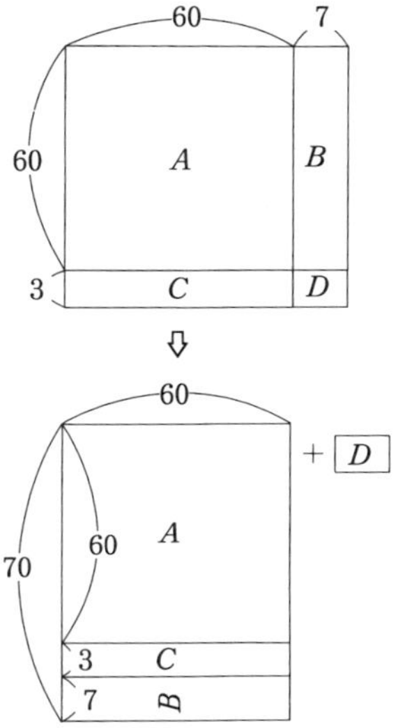

父　では，どういう場合にこの計算ができる？

二郎　十の位が同じで，一の位がたして10になる2つの数をかける場合．例えば，74×76＝5624

■練習をしてみましょう．
　85×85＝
　39×31＝
　72×78＝

父　よし，できた．それでは（1）にいこう．
65812を右図のように表す．
太枠の中の部分の面積が65812だということはわかるかな．

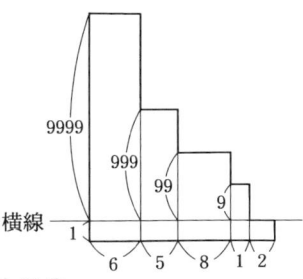

二郎　たての長さは，9999＋1＝10000
999＋1＝1000…で，…
うん，わかるよ．

⇨ 右の面積図では，99999 と 9999 と 999, 6 と 5 と 8 と 1 と 2 などの長さの比が，実際の数字とはちがっています．このような面積図では必ずしも正確な寸法で図を書く必要がないことを教えてあげて下さい．

父　では横線より上の部分が9でわりきれることは？

二郎　だって，たての長さがみんな9の倍数だもんね．

父　それじゃあ，あとは横線より下を考えればいいわけだ．

二郎　ふむ，ふむ，なぁるほど．つまり，
　　6＋5＋8＋1＋2＝22
を9でわった余りを出せばいいんだ．これなら暗算でもできる．答えは **4**．
　　ひょっとして，22をさらに 2＋2＝4 として答えを出してもいいのかな．

■右のように，各位の数をたして9でわりきれるかどうかが，9の倍数の見分け方です．3の倍数の見分け方も同様です．

父　うーん，さえてるな．それでいいんだ．では，（2）も暗算でできるだろう．

二郎　88888を9でわると，8＋8＋8＋8＋8＝40，4＋0＝4で，余りは4
　　　5555を9でわると，　5＋5＋5＋5＝20　2＋0＝2で，余りは2
88888×5555を9でわった余りは，それぞれの余りだけを考えればいいから，4×2で，答えは **8** だ．やったあ．

4日目

（父親のつくったテストも今回で2回目である．二郎は10分ほど問題を眺めてから，「ヒントのメモ」をさがしている）

■3日目の応用問題です．「テスト」は①～④をあわせて30分で挑戦してみて下さい．

テスト
① 5□23が9の倍数となるように，□の中に整数を入れよ．
② 右は九九の表である．網目部分の数をすべてたすといくつか．
③ 72の約数をすべてたすといくつか．
④ 図で円Aと円Bは，どちらもOが中心の円である．円Aの周の長さと円Bの周の長さの違いを求めよ．

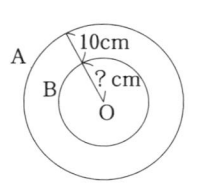

二郎 まったく父さんったら，テストを出すと，すぐにどこかへ消えちゃうんだから．人の苦労も知らないで．
　それにしてもヒントのメモはないのかなあ．
　でも①は昨日やったから解ける．
　5＋□＋2＋3
が9の倍数になればいいんだ．つまり，□＋10が9の倍数だから，あてはめてみると□は8だ．
　②はめんどうくさそうだからとばして，③にいこう．
　72の約数は，
　1と72，2と36，3と24，4と18，6と12，8と9，これでおわりだから，
　　1＋2＋3＋4＋6＋8＋9＋12＋18＋24＋36＋72＝195
　ふー，つかれた．2問できたから，よしとしよう．

■9の倍数の判定法は各位の数をたして，9でわりきれるかどうか．

■かけて72になる2数の組をさがす方法も，基本だから忘れないように．

父 （急にあらわれて）どうだ，もう解けたか．
二郎 ああ，びっくりした．でもさ，何だかめんどうくさいや．①はいいけど．
父 めんどうな問題など，一問もないぞ．②～④は，これからじっくりと解説するけれど，そんなに早くあきらめないで，長方形の図を書いてみなさい．
二郎 長方形の図ならおぼえてるさ．分配の法則だろ．でも，それをどうやって使うのさ．
父 では，右の図を見てごらん．図は九九の表のようなものだ．ただし，それぞれのマスの面積，例えば斜線の面積は
　　6×6＝36
だ．これらのマスの面積を九九81通りたすと…
二郎 わっ！全部よせ集めると，大きな正方形になる！！
父 その通り．たても横も

⇨実際の入学試験に出た問題です．

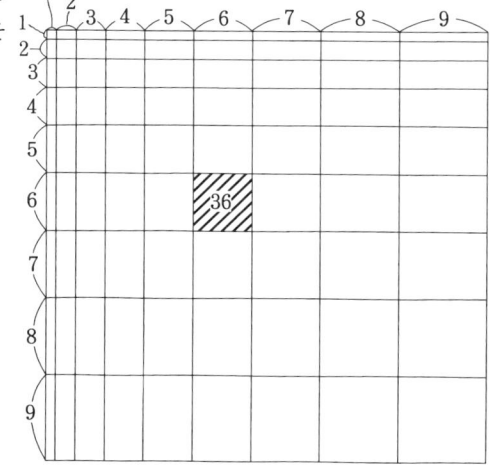

■1行目は，
1＋2＋…＋8＋9
＝45，
2行目はその2倍で90
3行目は3倍で135
　　⋮
とやってからたしてもよいでしょう．

$$1+2+3+4+5+6+7+8+9$$

の正方形の面積を計算すればよい

はじめの日にやった通り，$1+2+3+\cdots+7+8+9=10\times 9\div 2=45$

45×45 は，十の位が同じで一の位は $5+5=10$ だから，……

■　$1+2+\cdots\cdots +8+9$
　$+)\ 9+8+\cdots\cdots +2+1$
　　$10+10+\cdots +10+10$
　　　　　9個

二郎　きのうやった通り，$4\times 5=20$ と $5\times 5=25$ を横に書きならべて，答えは，**2025** だ．また，長方形の威力だね．でも③は長方形じゃないんだろ．

父　ところが，それがまた長方形なんだ．素因数分解って知ってるかな．

二郎　兄さんに教わったことがあるよ．72の素因数分解は右のようにするから（点線枠内）
$72=2\times 2\times 2\times 3\times 3$

■素因数分解：右のようにして，小さい順にわれる数でわっていきます．

```
2 ) 72
2 ) 36
2 ) 18
3 ) 9
    3
```

	2が0個 ①	2が1個 ②	2が2個 $2\times 2=$④	2が3個 $2\times 2\times 2=$⑧
3が0個 ①	1	1×2	1×4	1×8
3が1個 ③	$3\times 1 = 3$	3×2	3×4	3×8
3が2個 $3\times 3=$⑨	$9\times 1 = 9$	9×2	9×4	9×8

⇨　$2\times 2\times 2\times 3\times 3$
$=2^3\times 3^2$ のようにかくかき方をおぼえると便利です

父　よくできた．すると，72の約数は2と3をいくつかずつくみあわせて，かけたものだね．
　　2は0個か1個か2個か3個
　　3は0個か1個か2個

これを右のような表に整理してみる．すると，網目の部分1マス1マスの面積が，1つ1つの約数になっている．たとえば，図の――部，$3\times 4=$**12** や $9\times 4=$**36** は72の約数だ．
この1マスの面積を約数の大きさと考えて，全部たしてごらん．

⇨　　1　2　4　8
　×3　3　6　12　24
　×9　9　18　36　72

のように整理してもよいでしょう．
2（や3）が0個のときは1と考えます．

二郎　まさかとは思うけど，たてが，$1+3+9=13$，よこが $1+2+4+8=15$ の長方形の面積と同じだとか……．

父　その「まさか」だ．答えは，$13\times 15=$**195**　このやり方は一度おそわらないと，自分で思いつくのは難しいね．もう一つの例をあげよう．**180** の約数の和は，
$$180=2\times 2\times 3\times 3\times 5$$
と素因数分解して，
$$(1+2+2\times 2)\times (1+3+3\times 3)\times (1+5)=\mathbf{546}$$

二郎　ねえ，マス目の数が約数の個数ってこと？

父　またいいことに気がついたね．その通りだ．
最後に④をやってみよう
右の図で，円Aの円周は，$2\times (\Box +10)\times 3.14$

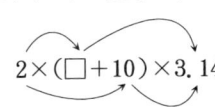

円Bの円周は，$2\times \Box \times 3.14$

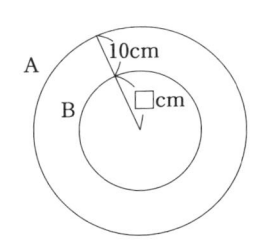

この二つをくらべると……

■ためしに，90の約数の個数，約数の総和を出してみましょう．

答え
$90=2\times 3\times 3\times 5$ より
約数の個数……
$2\times 3\times 2=12$（個）
約数の和……
$(1+2)\times (1+3+9)$
$\times (1+5)=234$

二郎　わかったよ．また分配の法則だ．それにしても，ずいぶんいろんなところに出てくるなあ．円Aの円周は，$2\times \Box \times 3.14+2\times 10\times 3.14$ だから，円Bの円周より，$2\times 10\times 3.14=\mathbf{62.8(cm)}$ 長いわけだね．

5日目

二郎　父さんは図工が苦手だったとは聞いてたけど，これほどとはね．りんごと魚はわかるけど，下の丸いのは何だい？

父　これはね，みかんだ．

二郎　みかん？ふーん．で，一体この図で何を表してるの．

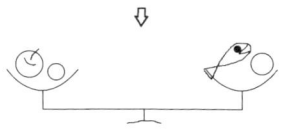

父　つまりだな．上の図で，りんご1個と魚1ぴきの重さが天秤でつりあっているとき，下の図のように同じ重さのみかんを1個ずつ両側にのせても，やはり天秤はつりあったままである．

二郎　あたりまえじゃないか．

父　りんごをa，魚をb，みかんをcであらわすとする．天秤がつりあっているということは目方が等しいということだから，＝（イコール）で表す．
　　すると，　　　$a=b$　ならば，両側（両辺）に同じcを加えても
　　　　　　　$a+c=b+c$ が成り立つことになる．

二郎　ますますあたりまえだ．

父　$a=b$のとき，同じ数をたすだけじゃなくて，ひいても，かけても，わってもイコールはそのままだ．$a-c=b-c$，$a\times c=b\times c$，………

二郎　そんなこと，くどくどいわないでもわかるよ．

父　ところが，この「天秤の性質」が難しいのだ．

二郎　じゃあ，問題出してごらんよ．すぐに解いてみせるから．

父　よし，それじゃあやってみろ（と問題をとりだす）．

■①，②あわせて15分で挑戦しましょう．

> **問題**
> ① A，B2つの箱に，りんごとみかんが，それぞれいくつかずつ入っている．Aの箱にはりんごとみかんがあわせて30個，またBの箱にはりんごとみかんがあわせて20個入っている．りんごの数が全部で28個のとき，Aの箱のみかんと，Bの箱のりんごは，どちらがどれだけ多いか．
> ② 右の図でアの部分の面積とイの部分の面積とが等しいとき，□には，どんな数が入るか．

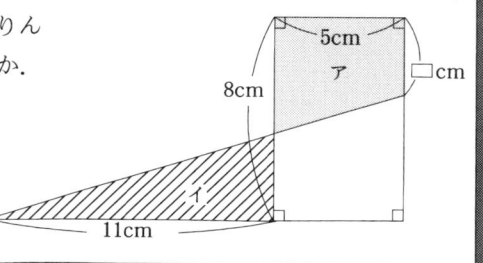

二郎　（あれこれノートにかくが答が出てこない）うーん，くやしいけど降参だ．

父　では，この図を見てごらん（図1）．問題は，「アとエをくらべなさい」といっている．そこで，同じウを加えて，「ア＋ウとエ＋ウ」とをくらべてみる．

二郎　ア＋ウはAの箱のりんごとみかんの合計だから，30だ．エ＋ウは要するにりんごの数で28．ア＋ウの

図1

	A	B
みかん	ア	イ
りんご	ウ	エ

　　　　方がエ＋ウよりも2つ多い．つまり………やあ，**アはエよりも2多いってこ**
　　　　とだ．
　　　　まてよ，20なんてつかわなかったぞ．
父　ちょっとまぎらわしくしてみたのだ．じゃあ②も大丈夫だな．
二郎　まぎらわしくするなんてずるいや．
　　　　えーと．②はね．もうわかりましたよ．　　　　図2 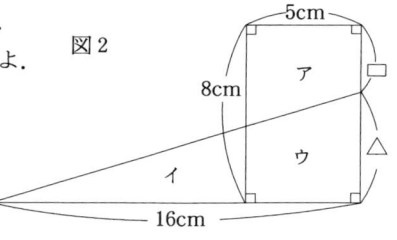
　　　　　　ア＝イ　だから
　　　　ア＋ウ＝イ＋ウ　つまり
　　　　　長方形＝三角形
　　　　　長方形＝5×8＝<u>40</u>　三角形は
　　　△×16÷2でこれが等しいから，△＝5，よって□＝8－5＝**3(cm)**
父　よくできた．単純なこと（$a=b$なら$a+c=b+c$）でも，応用は結構難
　　しいことがわかったかな．
　　　実は，おまえがこのあいだ兄さんにおそわっていた，和差算，消去算など
　　は，みな，この「てんびんの性質」が役に立つのだ． 
二郎　どんなふうに？　　　　　　　　　　　図3
父　和差算の基本形は，たとえば，「大小2つ
　　の数があり，2つをたすと37，2つの差は
　　19，ではこの2つはそれぞれいくつか」と
　　いう形をしている．
二郎　（図3をかく）和差算は線分図をかくのさ．図で，線分2本をあわせる
　　　と37，それから19をとりされば，「小」が2つ分残るから，
　　　　　　「小」＝（37－19）÷2＝9．　「大」＝19＋9＝28
父　線分図は大切な考え方だ．もちろんそのやり方でいい．でも，式で考える
　　方法も身につけておくともっとよいだろう．大をa，小をbとおくと，
　　　　　　　　　　$a+b=37$　………①
　　　　　　　　　　$a-b=19$　………②
　　　イコールを天秤と考えて，この2つをたしてしまう．
　　　<u>$(a+b)$と$(a-b)$をたしたもの</u>と，37＋19（＝56）がつりあう．
　　　アンダーラインの部分がどうなるかわかるかな．
二郎　aよりb大きいものとaよりb小さいものをたすんだから，たしたbと
　　ひいたbが打ち消しあってaが2個分．これが56なのだから，
　　　　　　「大」＝56÷2＝28（＝a）
　　まてよ，「小」は①から②をひけばいいのかな．$(a+b)$から$(a-b)$を
　　ひくと………そうか．ちがいはbが2個分だ．「小」＝（37－19）÷2＝9
　　ふーん，やっぱり，てんびんのたしひきがもとになってるんだ．
父　では，よく出る問題だが，今日は宿題を出すことにしよう．
　　「$a+b=9$，$b+c=15$，$c+a=18$のとき，a，b，cを求めよ」
　　というのが問題だ．明日までにやっておきなさい．

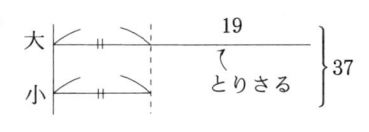

⇨中学生流に
　　　$a+b=37$
　　＋）$a-b=19$
　　　　$2a\ \ =56$
　　　　　$a\ \ =28$
と説明してわかる子に
は，どんどんと方程式
を教えてよいかもしれ
ません．超難関中学
クラスになると，入学
時にかなり多くの子が
方程式を知っているそ
うです．

6日目

■
$a+b=9$
$b+c=15$ 全部たす
$c+a=18$

$a+a+b+b+c+c$
（2個ずつ）で42
$a+b+c=42\div 2$
  $=21$
$a=21-15=6$

というぐあいに出す方法もあります。

▷直角三角形の内接円をかいた図形で二郎の，ノートの下の部分をつかう問題がたまに出ます。

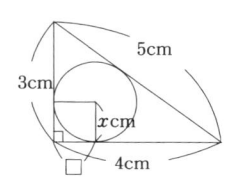

答は $x=1$cm
（□＝$(3+4-5)\div 2=1$
$x=$□$=1$）

■ひもは見えない部分にもまかれ，直方体のまわりを1周しています。

父 さて，宿題はできたかな．

二郎 （にこにこして）できたよ．ノートを見てごらんよ．

父 （二郎のノートを見てうなる）おっ………おーっ

二郎 そんなに驚くことはないじゃないか．父さんに似て算数は得意なんだ．図工は苦手だけどね．でも，下の方の図は，実は兄さんに教えてもらったんだ．

父 うーん．算数は苦しくとも，自分の頭で考えなさい．足と同じで，自分で歩いていかねば，退化してしまう．

二郎 でも，（と不満そうに）上の方は自分で考えたんだよ．

父 まあ，よいだろう．
でも，今日のテストは，自分だけの頭で解きなさい．
兄さんに相談しちゃだめだよ．いいね．（行ってしまう）

二郎 まったくもう．ちゃんと自力で解いたのに．ところでどんなテストかな．

二郎のノート

てんびんの原理で右の2つの式をたす．
$\begin{cases} a+b=9 \\ b+c=15 \end{cases}$

すると，$a+b+b+c=24$

これから $a+c=18$

をひくと，$b+b=6$

$b=6\div 2=3$，$a=9-3=6$，
$c=15-3=12$

実は右図のような三角形で考えると，わかりやすい．

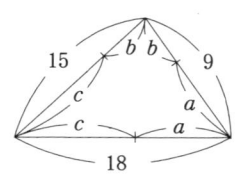

$9+15-18$
は b が2つ分になるのだ．

テスト

① 右の図は，半円Oと直角三角形をくみあわせたものである．斜線部（しゃせん）と網目部（あみめ）の面積が等しいとき□にあてはまる数を求めよ．ただし円周率は3.14とする．

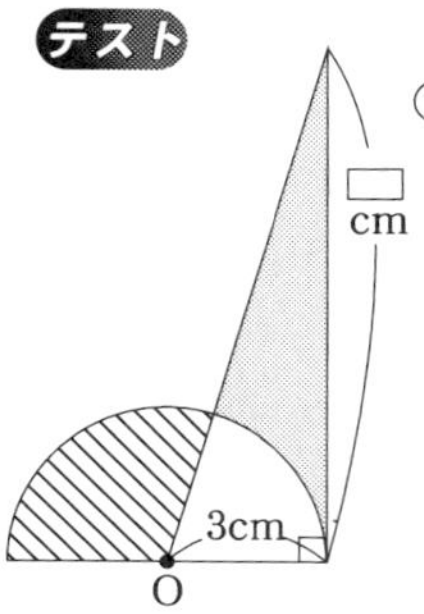

② 右図の9ますには1〜9までの整数が1つずつ入る．
たて3組，横3組，ななめ2組のどの和も等しくなるような例を1つつくれ．

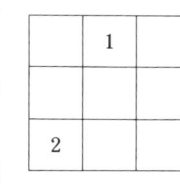

③ 直方体の箱にひもを，たて，よこ，高さに平行になるようにかけた．下のⅠ図，Ⅱ図，Ⅲ図のとき，ひもはそれぞれ20cm，16cm，28cm必要だった．この箱の体積を求めよ．

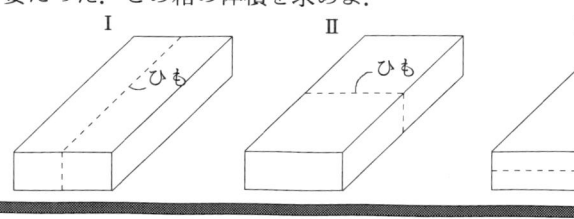

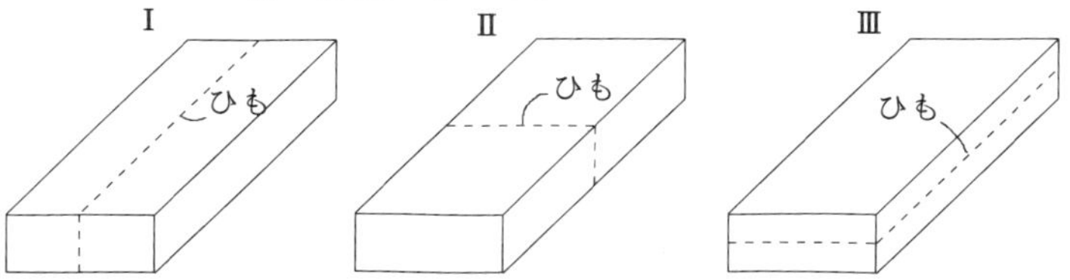

Ⅰ　Ⅱ　Ⅲ

二郎 しょうがないなあ，ヒントもなさそうだし，まあ，自分の頭で考えるしかなさそうだな．兄さんもいないし………．（考え出す）

①は簡単そうだぞ．（右のような図をかく）

ア＝イ だから，ア＋ウ＝イ＋ウ

つまり，　　　　　半円＝直角三角形

半円＝3×3×3.14÷2で，これは，

3×□÷2と同じだ．

くらべてみると，□は3×3.14にあたるな．

よーし，□＝3×3.14＝**9.42** できた！

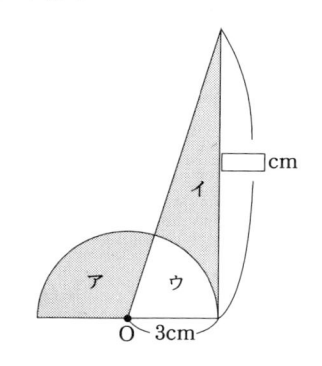

②は，似たようなのを友だちがやってたぞ．魔方陣とかいうんだ．（右の図をかく）

たしかまず，たて3つの和を出すんだ．

ア〜ケまで全部たすと

1＋2＋3＋……＋7＋8＋9＝45

おや…またあれが出てきた．

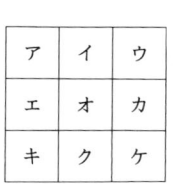

たては3列だから1列分は，45÷3＝15　ふーん，横もななめも15，か．

次に，たしかオを含んだ，たて，横，ななめを全部たすんだった．（右のようにかく）

ア〜ケが1つずつで45だから，オが3つで

60－45＝15か．オ＝15÷3＝5

あとはもう，次々にたてやよこの15からひいていくだけで答が出るな．（下のようにかく）

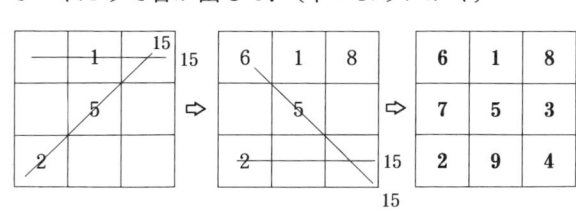

ア＋オ＋ケ＝15
ウ＋オ＋キ＝15
イ＋オ＋ク＝15
＋）エ＋オ＋カ＝15
ア〜ケが1個　　＝60
オが3個

しめしめ，やり方を知っていたとは知らないだろう．それにしても，5を中心にして，6＋4も，8＋2も，1＋9も，3＋7も全部10だ．変なの．

③に行こう．（しばらく考えて）なぁーんだ．

たてをa，横をb，高さをcとすると

$a+b=28÷2=14$, $b+c=16÷2=8$,
$c+a=20÷2=10$

であとは昨日と同じじゃないか．（計算して）

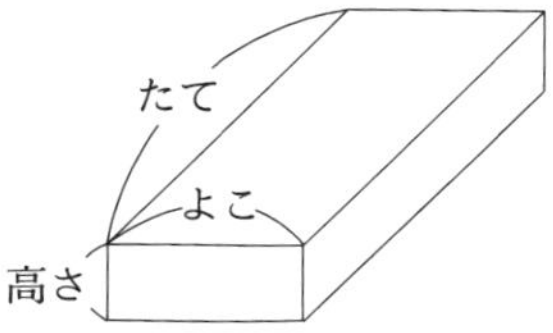

$a=8$, $b=6$, $c=2$だから，体積は，$8×6×2=$ **96(cm³)** だ．

みんなできたぞ．もしかしておれって天才かなあ．

⇨3行3列の魔方陣の性質
・真ん中の数は9つの数の平均
・右のAとBの平均はC

■右のような魔方陣の解き方：

イ＋3＋ア
＝5＋8＋ア

より，イ＝13－3＝10
のように次々と決めていく．
（答は右図）

10	3	11
9	8	7
5	13	6

⇨様々な学校で類題が出題されています．

ステージ2
整理・分類の方法

ふだんから整理整頓の苦手な二郎は，父親にしかられてばかり．「整理整頓」ができないようでは算数もできるようにならないぞ，とおどされます．でも父親の手ほどきで算数の「整理整頓」ができるようになった後も，やはり二郎の机の上はハチャメチャでした…

1日目

二郎（独言）今日机の上をちらかしていたら，お父さんにしかられた．「整理整頓がなってないようじゃ，算数はできないぞ」って．でも変だなぁ，算数と整理整頓なんて，関係ないじゃないか．

父（現れて）おーい，勉強だぞ．さっそくだが，おまえ用の問題だ．つまりだな，整理整頓の問題だ（右の問題を示す）．

二郎 ふーん，じゃあこれができれば，整理整頓の達人ということになるわけだね．
まかしときな．（やり出す．しばらくして）ほい，できた．

父（二郎のノートをのぞいてみると，下手くそな十一角形がかいてあり，書きこみもしてある．でも答えはすべて少しずつちがっている．しばらくの沈黙，そして…）
やはり，整理がうまくいっていないようだな．
では，今からお父さんの聞くことに答えてごらん．
まず①だ．正十一角形の頂点に右の図のように①から⑪までの記号をふる．
①を含む対角線や辺はいくつあるかな？

二郎（少々しょげながら）
①は，②と結ぶと辺になる．③と結ぶと対角線だ…．②〜⑪のどれと結んでも辺か対角線ができ

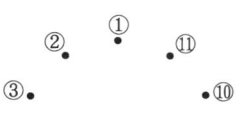

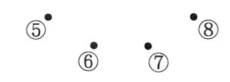

> **問題**
>
> ① 正十一角形の対角線の本数と辺の本数をあわせると合計何本か．
>
> ② 正十一角形の頂点11個のうち3つの点を結んで三角形をつくる．このような三角形は何個できるか．
>
> ③ 370円の金額を，100円玉，50円玉，10円玉の3種類の硬貨を少なくとも1枚ずつつかって，おつりなしに支払う方法は何通りあるか．

るから，①に関係あるものは 10 個．

父　では，①はもうすんだからぬかして考えよう．残りの10個の点を結ぶ線のうち，②を含むものは？

二郎　②③，②④，②⑤，…，②⑩，②⑪の9本だよ．

父　更に，①と②をぬかした残りの点を結ぶことを考えよう．③を含むものは

二郎　③④，③⑤，③⑥，…，③⑨，③⑩の8本．
そうか，1本ずつ少なくなって，最後に⑩⑪の1本で終わるのだから，
　　$10+9+8+7+\cdots+3+2+1=55$（本）

父　それを表に整理したものが右図だ．はじめに①を含むか含まないかで場合を分け，次に②を含むか含まないかで場合を分けた．
　このように，**どういう基準にもとづいて整理するかを決める**ことが大切なのだ．

二郎　基準を決めるってことだね．じゃあ，2，3はこちらがやってみるよ．

①を含む	10本
②を含む	9本
（①は含まない）	
③を含む	
（①②は含まない）	8本
⋮	⋮
⑨を含む	2本
（①〜⑧は含まない）	
⑩を含む	1本
（①〜⑨は含まない）	

二郎の解答

2：正11角形の頂点を①〜⑪とする．

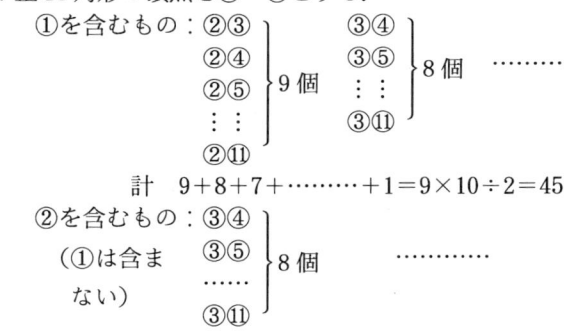

①を含むもの：②③，②④，②⑤，⋮，②⑪　　9個
　　　　　　　③④，③⑤，⋮，③⑪　　8個　………

　　計　$9+8+7+\cdots+1=9\times 10\div 2=45$

②を含むもの：③④，③⑤，⋮，③⑪　　8個　…………
（①は含まない）

　　計　$8+7+6+\cdots+1=8\times 9\div 2=36$

以下同様に考えていくと
　$9\times 10\div 2+8\times 9\div 2+7\times 8\div 2+6\times 7\div 2$
　　$+5\times 6\div 2+4\times 5\div 2+3\times 4\div 2+2\times 3\div 2$
　　　$+1\times 2\div 2=$**165**（個）　　フー，ツカレタ．

3：みんな最低1枚はつかうのだから，370から100+50+10（1枚ずつ）をひいておき，残りの210円について，次のような表をつくる．
　100円玉の枚数により場合分け，答えは下の**9通り**

父　ごくろうさん．ではあしたは，1，2でもっとよい方法を研究してみよう．

すべて合計は210円 →

100円玉	2	1	1	1	0	0	0	0	0
50円玉	0	2	1	0	4	3	2	1	0
10円玉	1	1	6	11	1	6	11	16	21

■ $1+2+\cdots+n$
　$=n\times(n+1)\div 2$
（☞p.5）

■整理，場合分けをするためには，まず，どのような基準で場合分けをするのかしっかり考えることが大切です．

⇨実際には $_{11}C_3$ を計算すれば一発でできますが，整理の大切さを教えるためには，右のような作業も必要かと思います．
　なお，右の解は，
　$_{11}C_3 = {_{10}C_2} + {_9C_2}$
　　$+\cdots +{_2C_2}$
という等式を表しています．

■100円玉，が多い順に整理してあります．
　100円玉と50円玉の枚数が決まれば，残りの10円玉の枚数は自動的に決まることに注目．

2日目

⇨順列のP，組合せのCは，小学生にそのまま教えこむには，一部の上位生をのぞいて無理があります．

しかし一般の子供でも考え方を知っておく程度は学習した方がよいでしょう．

父 昨日はよく努力しよくできた．でも，実は①番と②番には，もっとすっきりとできる裏ワザがある．教科書では高校生になってはじめて習うことになっているが，知っているのと知らないのでは，中学入試でも大変な差がついてしまう．多分，中学受験生の3人に1人ぐらいは知っているんじゃないかな．

じっくり理解すれば，そんなに難しくはないから，やってしまおう．

二郎 高校のことをもう習うなんて難しそうだなあ．でも便利そうだから聞いてみたい．

父 （右図を書く．）①に関係する辺や対角線をすべて書いたものが，右の図だ．みな，①を出発点として，ほかの点を終点とする矢印であらわしてある．これは10本だ．

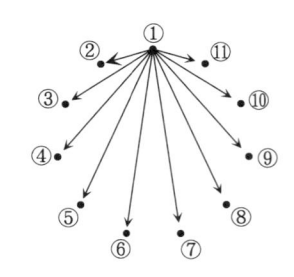

同じように，②を出発点とする矢印も，③を出発点とする矢印も，すべて10本ある．

⑪を出発点とする矢印まですべて書いたとき，矢印はのべ何本になっているかな．

二郎 出発点が11個，それぞれ10本ずつ出ているのだから 11×10＝110（本）．

父 ところが，たとえば①と②を結ぶ線1本に対して矢印は①→②，②→①のように2本ずつ重なっている．

よって，2点を結ぶ線は，110÷2＝55（本）だ．

二郎 高校の範囲にしてはやさしいや．で，②は？

父 ①を出発点として，ほかの2点を通り，①に戻ってくる矢印を考えてみよう．

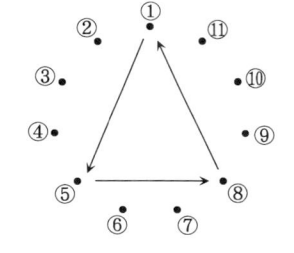

これは ①?? とならんでいる3つの数のくみの個数と同じだね．

2番目のマスに入るのは，②〜⑪の10個の可能性がある．

では，かりに ①②? となったとき3番目のマスに入る可能性のあるのは何通りだろう．

■①→⑥→④と①→④→⑥はちがったものとして考えます．

二郎 ①と②のほかだから，11－2＝9（通り）だね．つまり，①を出発点とした三角形は，10×9＝90（通り）あるんだ．

すると…出発点は①〜⑪の11通りだから，三角形は全部で，

11×10×9＝990（通り）

大変だぞ．昨日と答がちがっている．

父 おっちょこちょいだな，おまえは．

1つの三角形に，出発点と向きを考えると，右のように6種類も矢印のつけ方があるだろう．答えは，990÷6＝165（通り）だ．

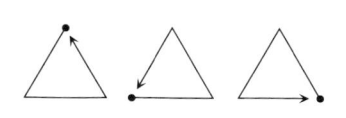

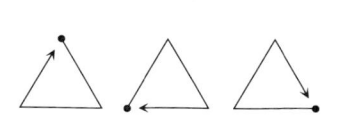

ところでおまえには，この6という数字の意味がわかるかな．

二郎 3つの点の順番を考えればいいんじゃないかな．出発点の決め方が3通り，次にいく点の決め方は，えーと，出発点をぬかして2通り，最後の点の決め方は，もう自動的に決まる．つまり1通りだ．

だから，3×2×1＝6(通り) だね．

父 結局，11個の点の中から3つの点を選ぶ方法は

$$\frac{11 \times 10 \times 9}{3 \times 2 \times 1} = 165 (通り)$$

ということになる．この方法をよくおぼえてほしい．

一般に，n 個の中から r 個を選ぶ方法は，

分母も分子も r 個の数がかけられている ↘ $\frac{n \times (n-1) \times \cdots\cdots \times (n-r+1)}{r \times (r-1) \times \cdots\cdots \times 1}$ (通り) となる．

分子は，n 個の点から，一つの出発点を決めて，r 個の点を次々にたどってもとの出発点に戻る方法の数を，

分母は，r 個の点が並ぶ順序の数をそれぞれあらわす．

―――のぶんだけ，重複しているから，重複の数で割るわけだね．

以上のことを記号で，$_nC_r = \frac{n \times (n-1) \times \cdots \times (n-r+1)}{r \times (r-1) \times \cdots \times 1}$ とかく．

■ $\frac{11 \times 10}{2}$ としたいところですが，$\frac{11 \times 10}{2 \times 1}$ の方が一般性をもっています．分母でかけられている数字の個数と分子でかけられている数字の個数を同じにするのがコツです．

二郎 つまり，①は11のうちから2つの点を選ぶ方法の数で，

$$_{11}C_2 = \frac{11 \times 10}{2 \times 1} = 55$$

②は11のうちから3つの点を選ぶ方法の数で，

$$_{11}C_3 = \frac{11 \times 10 \times 9}{3 \times 2 \times 1} = 165$$

だったわけだね．ずいぶん機械的にできてしまうんだなあ．

父 整理するということがどんなに大切なことか，よくわかる例だね．

せっかくおぼえたのだから，このCの記号を使った計算練習をしておこう．

二郎 よーし．

> **練習**
> ① $_5C_3$　$_7C_2$　$_8C_4$ をそれぞれ求めよ．
> ② 9人の人を4人部屋と3人部屋と2人部屋にわけて入れる方法は，全部で何通りか．

⇨ まず式をつくらせてみてください．
$_9C_2 \times _7C_4$ なども可．学習の進んだ子には6人を3人と3人にくみ分けする方法が $_6C_3 \div 2$ であることも教えたい．

① 計算があうまで考えよう．
$_5C_3 = \mathbf{10}$　$_7C_2 = \mathbf{21}$　$_8C_4 = \mathbf{70}$

② 9人からまず4人を選んで4人部屋に入れる．この方法の数は，

$$_9C_4 = 126 (通り)$$

この126通りのそれぞれに対して，残る5人から3人部屋の3人を選ぶ方法の数は，$_5C_3 = 10$(通り)

よって

$$_9C_4 \times _5C_3 = 126 \times 10 = \mathbf{1260 (通り)}$$

3日目

父　整理整頓というものは，自分でできるようにしなければいけない．今日は問題を次々と出すから，どんどんと整理してみてごらん．

二郎　はい．

父　今日はずいぶんと神妙だなあ．ではさっそく第1問目だ．

■制限時間5分程度でやってみましょう．

問題1

たして8になる0でない3つの整数の組を(2, 3, 3)のようにかく．ただし，左の方にある数が右の方の数より大きくてはいけない(等しくてもよい)．このような3つの整数の組は何組あるか．

二郎　要するに小さい順に3つ並べろってことだな．じゃあ，1が1番小さいものから順に考えてみよう．

しめしめ．基準ができたぞ．

　　(1, 1, 6)
　　(1, 2, 5)
　　(1, 3, 4)

次は，2が1番小さいものだ．

　　(2, 2, 4)　(2, 3, 3)

3が1番小さいものは…

　　(3, 3, …)　あれ，できない．じゃあこの**5通り**だ．

■制限時間10分程度でためしてみましょう．よく入試に出るタイプです．

問題2

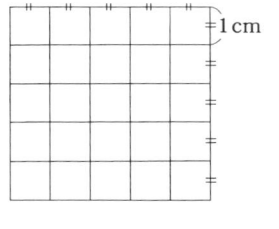

次の図の中に，正方形は大小あわせていくつあるか．

二郎　1番小さいのは，1cm×1cmの正方形だな．これは，5×5=25(個)だ．

2番目に小さいのはどう数えるんだろう．たてもよこも2cmのやつ．

1番上のものはえーと，よこをa, b, c, dのどれにするかで4つできる．(右図)．

2番目に上のものは…

父　あまり律儀に考えないでも，次の図のように，よこ2cmのとり方a〜dと，たて2cmのとり方A〜Dをくみあわせればよいだろう．

たとえば図の網目の正方形はB-cと考える．

■B-cは，たてがBの箇所，よこがcの箇所をくみあわせるということです．

二郎　そうか．よこもたてもとり方が4通りだから，2cm×2cmの正方形は4×4=16(個)だ．

まてよ．5×5, 4×4, …次は3×3だろうか．(右のような図をかいて)

そうか，3×3cmの正方形は，よこp, q, rにたてP, Q, Rをくみあわせて　3×3(個)

4×4cmの正方形は，2×2(個)

5×5cmの正方形は，1×1(個)

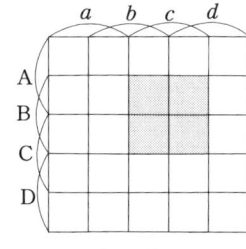

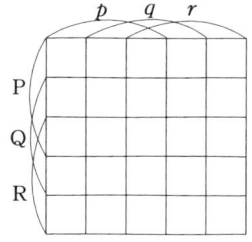

これは一番大きなやつだな．
　計，5×5＋4×4＋3×3＋2×2＋1×1＝**55**（個）
ずいぶん，きれいに答えが出るもんだなあ．大きさで分類するんだ．

■制限時間は10分．

問題3
円周を9等分した点のうち3点を結んで三角形をこしらえる．このうち，二等辺三角形（正三角形も含める）はいくつあるか．

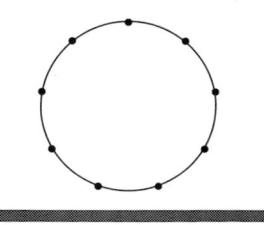

二郎　これは何だか難しそうだぞ．適当にかいたらしかられそうだし…

父　二等辺三角形の頂点に注目してごらん．たとえば，Aが頂点の二等辺はいくつあるかな．

二郎　（下のような図をかき）4つだ．
　頂点は9つあるから，
　答えは　9×4＝36
　かな．

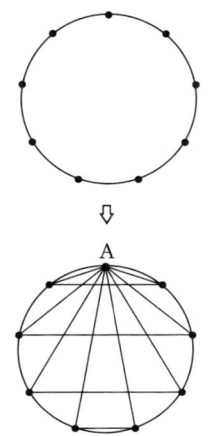

■正三角形は3つの方向について二等辺三角形なので，二郎のはじめの考え方でやると，重複（ダブルカウント）がでてしまいます．

父　また，おまえは早とちりだ．正三角形の場合を考えてごらん．正三角形をのぞけば，1頂点につき3つの二等辺三角形ができるから，9×3＝27
　それに正三角形3つをたして，27＋3＝**30**（個）が本当の答えだ．まだまだ最後のつめが甘いぞ．
　では今日の最後に，サイコロの問題を解いてみよう．

■制限時間は①，②あわせて10分．

問題4
①　サイコロを2回ふって出た目の数の和が3でわりきれる数になる場合は何通りあるか．
②　サイコロを3回ふって出た目の数の和が13になる場合は何通りあるか．

二郎　サイコロ2回の問題は兄さんに教わったよ．次のような図をかけばいいんだ（右の図をかく．①は1回目，②は2回目の意味）．このように2つの目をたした数をぱーっと表にかきこんでしまう．

①②	1	2	3	4	5	6
1	2	3	4	5	6	7
2	3	4	5	6	7	8
3	4	5	6	7	8	9
4	5	6	7	8	9	10
5	6	7	8	9	10	11
6	7	8	9	10	11	12

父　ぬりつぶしたのが3の倍数というわけか．
全部で**12通り**が答え．なかなかやるじゃないか．

二郎　どういたしまして．でもだめだ．サイコロが3個になるとまるでわからない．

■サイコロの目は6までだから，2回目までが7以上でないと13にならない．

父　いや，2回目までだけを考えればいいんだ．3回目は13から2回目までの和をひけば自動的に決まるからね．2回目までの和は7以上でなければいけないから，答えは右図のように，7以上のところの**21**（通り）

①②	1	2	3	4	5	6
1	2	3	4	5	6	7
2	3	4	5	6	7	8
3	4	5	6	7	8	9
4	5	6	7	8	9	10
5	6	7	8	9	10	11
6	7	8	9	10	11	12

4日目

父 今日も整理整頓がカギをにぎる問題をやっていこう．もっとも今日の問題は，どれも難しめだから，おまえに解いてもらったあとで，父さんが全部解説をしていく．できなくても，めげないでいいよ．

二郎 難しいって聞くと，この頃，何クソって思うんだ．解いてみせるよ．

父 いい根性だ．では，やってみなさい．

■整数を1の位で分類するという考え方は大切です．
　この問題は制限時間10分．
（なお，1の位とは整数を10でわった余りのことです）．

問題1

1から50までの整数から2つ選んでかけあわせてから10で割ったところ，余りは1だった．このような2つの数の選び方は何通りあるか．ただし，「17と23」という選び方と「23と17」という選び方は同じものと考える．

父の解説
　右図のように，50個の整数を1の位で分類する．2つの数をかけて一の位が1になるのは，次の3つの場合．

1の位	個数	名
1	5個	A
2	5個	B
3	5個	C
4	5個	D
5	5個	E
6	5個	F
7	5個	G
8	5個	H
9	5個	I
0	5個	J

① Aグループから2つとってかける．
② CグループとGグループから1つずつとってかける．
③ Iグループから2つとってかける．

①の場合と③の場合は，5つのものから2つをえらぶ組み合わせの数だから，$_5C_2 = 5 \times 4 \div 2 = 10$（通り）ずつ．

②の場合は，Cグループの5個とGグループの5個を組み合わせればよいから，$5 \times 5 = 25$（通り）

合計で，$10 + 25 + 10 = \mathbf{45}$（通り）

■制限時間は10分です．解きおわったら，$1 \times 2 \times 3 \times \cdots \times 29 \times 30$ を計算した結果の末尾にいくつ0がつくかを考えて下さい．
　頻出問題です．

問題2

1から30までの数をすべてかけてから，その結果の数をどんどんと2で割っていったら，何回2で割り切れるか．ただし，割った商が整数にならなければ，そこで打ち切りとする．

二郎 偶数だけ考えればよさそうだ．
2は1個，4は2×2で2個，6は2×3で1個，8は$2 \times 2 \times 2$で3個．うーん，この調子でやったらめんどうくさい．何かいい整理の方法はないのかなあ．

父 下の表を見て，規則性に注目してごらん．表は1～30の各数について，2がいくつかけられているかまとめたものだ．
　この表を，ふつうはたてに数えるんで大変なのだけれども（$1+2+1+3+1+\cdots$），横に数えると楽だ．表で，A の段は，$30 \div 2 = 15$（個），Bの段は，$30 \div 4 = 7$ あまり2で7個，C段は，$30 \div 8 = 3$ あまり6で3個，D段は，$30 \div 16 = 1$

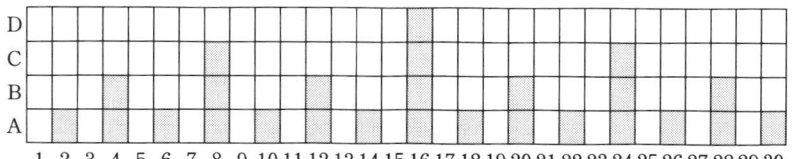

答7

あまり14で1個．
　　合計すれば，15＋7＋3＋1＝26(個)の2があるから，**答えは26回**

■応用範囲の広い問題です．いろいろな方向から見た長さの和を考えます．
　制限時間5分．

問題3
　次の図形の周の長さを求めよ．

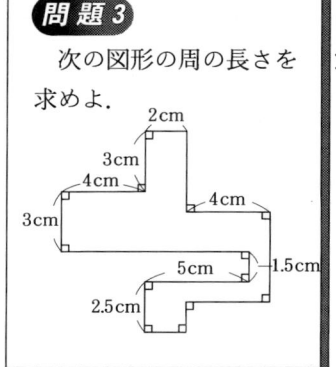

二郎　たしたりひいたり大変そうだ．これも整理に関係するのかなあ．

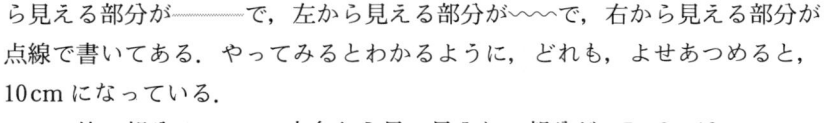

父　右の図のように分類してみよう．
　上から見たとき見える部分が太線で，下から見える部分が━━━で，左から見える部分が〰〰で，右から見える部分が点線で書いてある．やってみるとわかるように，どれも，よせあつめると，10cmになっている． 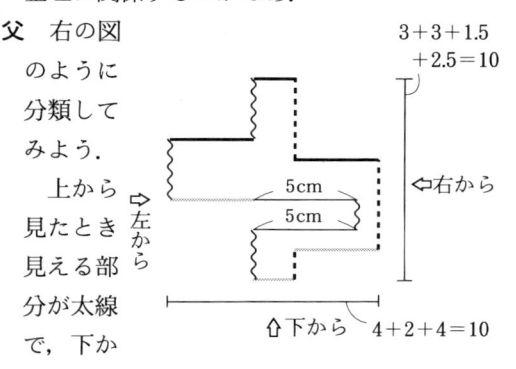 
　その他の部分は，4つの方向から見て見えない部分だ．5×2＝10cm．
　そこで，周囲の長さの和は，10×4＋10＝**50(cm)**

二郎　何だか，同じような問題がたくさんできそうだね．

父　その通り．類題はすごく多くて，立体版もあるよ．見える長さを方向別に分類するところがミソのわけだね．
　では本日最後は，中学入試問題からだ．

■立体をそのまま考えず，平面的なものに分けて考えます．（上からの段ごとに）
　制限時間5分．
　頻出タイプです．

問題4
　同じ大きさの小さな立方体64個を積み重ねて，1つの大きな立方体をつくる．真上，正面，横から4本ずつ，●印の位置に針をさしていく．針は面に垂直に大きな立方体の向かいの面に達するまでさす．このとき小さな立方体のうち針の通ってないものは□個ある． 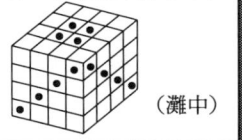
（灘中）

二郎　（しばらく考えて）わかった！上の段からスライスチーズみたいに切ってけばいいんだ．1番上の段と次の段がこんな形になる．（図をかく．）〔斜線は針〕

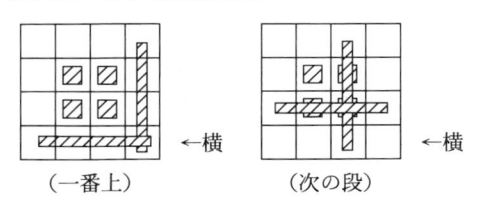

■上から3段目，4段目の図をかいて，それが2段目，1段目の図と同じであることを確かめましょう．

父　よく気がついた．1段ごとに整理をすればいいわけだね．おまえの書いた図は二段だけだが，実は4段目は1段目と，3段目は2段目と同じような形になっている．
　だから，針の通っていない立方体の数は，
　(5＋8)×2＝**26(個)**

二郎　整理するって，うまく場合を分けて考えることなんだね．

5日目

二郎 一郎兄さんに整理整頓を教えてやろうとしたら，にやにやしながら，こんな問題を出されたんだ．解けることは解けたんだけど，何かしっくりこない．ベン図の問題とかいうんだけどね（といいながらノートを出す）．

> **問題**（一郎出題）
> 2でも3でも5でも割り切れない数は，1から1000までの整数の中にいくつあるか．

父 ほう，（興味を示して）それで一郎はどう解いたんだ．

二郎 それがさ，何だかへんなやり方なんだ．右のような図をかいてね．四角の枠の中が1から1000の整数全体なんだけど，これを図のようにA～Hの8つの区画に分けるんだ．

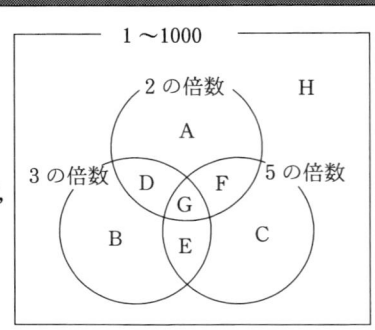

父 それで，A～Hはどういう意味なのかな．

二郎 円が3つかいてあるだろう．上の円の中には2の倍数が入っている．左の円の中には3の倍数が全部入っている．右の円の中には5の倍数が全部入っている………とまあ，こんな具合に考えるのさ．

上の円と左の円が重なっているところは，2の倍数であり，同時に3の倍数が入っているから，6の倍数，だからDとGは6の倍数さ．

こういうふうに考えていくと，次のようになるんだって．

① A＋D＋G＋F ……… 2の倍数　$1000÷2=500$（個）
② B＋D＋G＋E ……… 3の倍数　$1000÷3=333.3\cdots$より333（個）
③ C＋E＋G＋F ……… 5の倍数　$1000÷5=200$（個）
④ D＋G ……… 6の倍数　$1000÷6=166.6\cdots$より166（個）
⑤ E＋G ……… 15の倍数　$1000÷15=66.6\cdots$より66（個）
⑥ F＋G ……… 10の倍数　$1000÷10=100$（個）
⑦ G ……… 30の倍数　$1000÷30=33.3\cdots$より33（個）

父 目標は何だ？

二郎 もちろんHを求めることさ．だから，A～Gまでたしておいて，1000からひく．このA～Gまでの和が難しかったんだ．

まず，単純に①と②と③をたしてしまう．すると，

A＋B＋C＋D＋D＋E＋E＋F＋F＋G＋G＋G
　　　　　　　　　　　＝500＋333＋200＝1033 ……………㊁

なんだけど，これは～～部のD1個，E1個，F1個，それにGが2個たしすぎてる．

父 それで，どうした？

⇨いきなり3つの集合のベン図でわかりにくければ，2つの集合のベン図

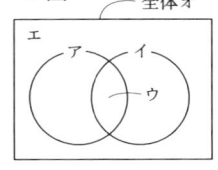

全体オ

からはじめましょう．
（図で
　ア＋イ－ウ＝オ－エ）

二郎　今度は④と⑤と⑥をひくのさ．④と⑤と⑥は，D，E，Fが1個ずつと，あとGが3個だから，㊟からこれをひくと，G1個分が「ひきすぎ」となる．そこで，G1個をたす．
$$1033-(166+66+100)+33=734$$
これを1000からひいて，答は1000－734＝266(個)だ．
まとめれば，
$$1000-(500+333+200)+(166+66+100)-33=\mathbf{266}$$

父　さすが一郎だ．ベン図をよく知っている．それで，お前は何でしっくりこないんだ．

二郎　もっと簡単なやり方があるじゃないか．

父　ほう，どうやるんだ？

二郎　まあみてよ．(ノートを出す)

⇨3でわると1余り，4でわると3余る数はどんな数か，調べさせてみましょう．

1, 2̸, 3̸, 4̸, 5̲, 6̸, 7, 8̸, 9̸, 1̸0̲, 11, 1̸2̸, 13, 1̸4̸, 1̲5̲, 1̸6̸, 17, 1̸8̸, 19, 2̲0̲, 2̸1̸, 2̸2̸, 23, 2̸4̸, 2̲5̲, 2̸6̸, 2̸7̸, 2̸8̸, 29, 3̲0̲
3̸1, 3̸2̸, 3̸3̸, 3̲4̲, 3̲5̲, 3̸6̸, 37, 3̸8̸, 3̸9̸, 4̲0̲, 41, 4̸2̸, 4̸3̸, 4̸4̸, 4̲5̲, 4̸6̸, 47, 4̸8̸, 49, 5̲0̲, 5̸1̸, 5̸2̸, 53, 5̸4̸, 5̲5̲, 5̸6̸, 5̸7̸, 5̸8̸, 59, 6̲0̲
．．．
991, 9̸9̸2̸, 9̸9̸3̸, 9̸9̸4̸, 9̲9̲5̲, 9̸9̸6̸, 997, 9̸9̸8̸, 999, 1̲0̲0̲0̲

■2の倍数でもあり，3の倍数でもある数は×で消してあります．何もついていない数が2でも3でも5でもわりきれない数です．

上の表はね，1から順に数をかき並べて，2の倍数は／で，3の倍数は＼で消してあるんだ．5の倍数も□でかこってある．

30ごとに数を「整理」したのがミソだよ．

よく表をみると，1〜30までと，31〜60まではたてに同じ模様がくりかえしてるでしょう．

考えてみたんだけど，2の倍数は，2つごとにくりかえす．3の倍数は3つごとに，5の倍数は5つごとにくりかえすだろう．だから，全体は，2と3と5の公倍数の30ごとにくりかえすんだ．

1〜30までに，2でも3でも5でも割り切れない数は数えると，8個ある．これが整数30個ごとにくりかえす．

$$1000\div30=33\ \text{あまり}10$$

■30を1周期として，33回の周期があり，あと10個の半端な数があるということです．

だから，1から990(＝30×33)の中に，2でも3でも5でも割り切れない数は
$$8\times33=264(個)$$
ある．あとは，991〜1000までの数を表のように調べて，991と997が2でも3でも5でも割り切れないから
答えは，264＋2＝**266**(個)だ．

父　これはすごい．30ごとの周期(くりかえし)を利用してよく整理してある．ベン図もよいが，そのやり方もすぐれているな．

二郎　やった．一郎兄さんに勝った．╱………といいたいところだけど，あとでまた難しい問題を出されるといけないから，止めとくよ．

6日目

⇨ 一次の不定方程式
$ax+by=c$
を解く作業と「つるかめ算」を，表をつくって整理し規則性を見抜くという共通の観点からとらえていくことが目標です．

■ どういう形をした問題が「つるかめ算」なのか理解することが大切です．
⇨ わかる子には式の構造から，線分図による消去算へと，どんどんひろげていきたいところです．
■ 校舎内に残るのは，
中学生の $\frac{2}{5}$
高校生の $\frac{5}{7}$ です．

■ $3×□+5×△=70$
や $5×□+7×△=150$
について，右のような表をつくって，規則性を発見してみましょう．これは大切な作業です．

二郎　算数の整理整頓は大分できるようになってきたけど，机の上の整理整頓はさっぱりだ．でもまあいいか．

父　それはあんまりよくないが，確かに算数で表をつくったりする整理は少しずつ，ウデをあげたようだ．今日は整理整頓の最終日につるかめ算というものをやろう．

二郎　つるかめ算なら，知ってるよ．

父　本当にわかっているかな．では，つるかめ算の例を1つあげてみなさい．

二郎　読んで字の如しさ．（右のような例をノートにかく）
　　ほら，たとえばこんなの．

父　ふーむ．確かにこれはつるかめ算だ．
　　では，これはつるかめ算かな．
　　（右のような例をかく）

> **二郎のノート**（つるかめ算）
> つるとかめがあわせて17匹います．足の数があわせて42本のとき，つるとかめはそれぞれ何匹ずついますか．

> **父の問題**
> 中学生と高校生があわせて858人います．中学生の5分の3と高校生の7分の2が校庭に出たので，校舎内に残ったのはあわせて451人です．中学生，高校生の人数をそれぞれ求めなさい．

二郎　うーん，つるとかめは出てこないけど，似てることは似てるね．どうなんだろう．わからない．

父　おまえのつくった問題は，つるを□羽，かめを△匹とすると次のようになる．
　あわせて17匹なのだから，
　　$□+△=17$　……①
　つるの足は，$2×□$，かめの足は $4×△$ だから，
　　$2×□+4×△=42$　……②

二郎　同じように父さんの問題を，中学生の人数を□人，高校生の人数を△人として式にしてみると，
　　$□+△=858$　……③
　　$\frac{2}{5}×□+\frac{5}{7}×△=451$　……④

だね．そのまま□と△をたすといくつ，かける割合をかえてかけてからたすといくつ，というところは同じだ．

父　式にすると，同じ成り立ちをしていることがわかる．では，このつるかめ算をどう解くかなんだが，まずおまえの問題から考えてみよう．
　まず①式は無視して，②式だけから表をつくってみる．

二郎　また整理するわけだね．（父のつくった表に矢印の部分を書きたす）

□（つる）〔×2で足の数〕	1	3	5	7	9	11	13	15	17	19	21
△（かめ）〔×4で足の数〕	10	9	8	7	6	5	4	3	2	1	0

26

父　おまえの書いた矢印は何だ？

二郎　よくわからないけど，規則があるよ．表の矢印で，「つる」は2羽ずつ増えてる．下の矢印の「かめ」は1匹ずつ減ってる．

父　つるが2羽ふえると，足の数は2×2で4本増えるだろ．その分，かめが1匹減れば，足は4本減るから，ちょうどつりあうことになる．

二郎　父さんの書いた表を見ると，すぐに，合計17匹なのは，つる13羽，かめ4匹のときであることがわかるね．でも，僕が知っているやり方とは少しちがうな．

父　おまえのやり方とは？

二郎　父さんとは逆に，①の表をかくのさ（右の表をかく），①式は合計17匹ということだから，たして17になる数をかきこめば簡単だ．

つる……	10	11	12	13	14	15	16	17
かめ……	7	6	5	4	3	2	1	0
足……	48	46	44	42	40	38	36	34

2 2 2 2 2 2 2

■かりに全部〜だったら，と考えてから，実際の量とのくいちがいを考えていきます．

表をよくみるとかめが1匹増えるごとに足の数は矢印のように2本増えてる．表でたてにぬりつぶしたところは，「かりに17匹が全部つるだったら，足の数は34本」ということ．で，実際には，42本なんだから，━━の場合より足は，42−34＝8（本）少ない．

よって，8本ふやすために，つるをかめと1匹ずつ交換していく．1匹交換するごとに足は2本増えるから，8本増やすためには，かめは

$$8 \div 2 = 4（匹）$$ だ．

父　同じやり方で，お父さんの問題が解けるかな．

二郎　解けるさ．右のように表をかく．中学生と高校生はあわせて858だから，表の一部分は右のようだ．全部計算するのは大変だから右の部分だけで大丈夫．

中学生	…	…	855	856	857	858
高校生			3	2	1	0
残りの人数		451			$343\frac{18}{35}$	$343\frac{1}{5}$

$\frac{11}{35}$

残りの人数＝中学生×$\frac{2}{5}$＋高校生×$\frac{5}{7}$

父　$\frac{11}{35}$って何だい？

二郎　うーん．（としばらく考えて）中学生が1人減ると$\frac{2}{5}$人減るね．高校生が1人増えると，$\frac{5}{7}$人増える．さしひき$\frac{5}{7}-\frac{2}{5}=\frac{11}{35}$（人）増えるんだ．

父　よくできた．どうも，「分数の人数」というのは気持ち悪いけれど，そこは深く考えないでよいだろう．それで………

⇨③式を$\frac{2}{5}$倍して
$$\frac{2}{5} \times \square + \frac{2}{5} \times \triangle = 343\frac{1}{5}$$
④式からこれをひいて
$$\left(\frac{5}{7} - \frac{2}{5}\right) \times \triangle$$
$$= 451 - 343\frac{1}{5}$$
$$= 107\frac{4}{5}$$
$$\triangle = 107\frac{4}{5} \div \frac{11}{35} = 343$$

と解く中学生流のやり方も，小学生のできる子にはわかるでしょう．

二郎　あとは規則性を考えて
$$\left(451 - 343\frac{1}{5}\right) \div \frac{11}{35} = 107\frac{4}{5} \div \frac{11}{35} = \frac{539}{5} \times \frac{35}{11} = \mathbf{343}（人）$$

これが，高校生の人数だ．中学生の人数は，858−343＝**515**（人）だね．

検算もしておこう．$\frac{2}{5} \times 515 + \frac{5}{7} \times 343 = 451$ になるから，あってるね．

■検算をするくせをつけましょう．

ステージ3
比べるということ

2つのものを比較することから，図形の世界も比の世界もはじまるんだと教えられた二郎は，ふーん，と思います．深くつきすすんでいくと比の世界にもおもしろい問題がいっぱい．でも，いくら勉強がはかどっても，二郎ののんびりしたおおまかな性格はなかなか直らないようですが…

1日目

■次の各問はきちんとできますか．チェックしましょう．（答は下）
① $3:5=2:\boxed{}$
② $a:b=2:3$
   $b:c=2:5$ のとき，$a:b:c$ を求めよ．
③ $a:b:c=2:1:3$ で $a+b+c=10$ のとき a を求めよ．

答① $5\times 2\div 3=3\dfrac{1}{3}$
② $4:6:15$
③ $10\times\dfrac{2}{2+1+3}$
　　$=3\dfrac{1}{3}$

二郎　比のつかい方がどうもよくわからないんだけどねぇ………

父　あいまいないい方だなあ．比のどこがわからないんだい．

二郎　比の計算とかはできるんだ．$3:5=2:\boxed{}$ で $\boxed{}$ を求めよ，とかいわれたり，$a:b=2:3$，$b:c=2:5$ のとき $a:b:c$ を求める，とかいうのはね．

あれは計算練習と同じだからね．

でも，何だかわかったような気がしない．

父　そうか．それでは，比の基本がどのぐらいわかっているか，ちょっとテストしてみよう．

テスト
① 下の図でCEの長さはAEの長さの何倍か．
② 下の図でEFの長さはACの長さの何倍か．
③ △DEFの面積は△AEMの面積の何倍か．

二郎　何だい，これは．図形の問題じゃないか．

父　図形という分野はね，「比」を理解するのにもってこいの材料なんだ．

二郎　何で？

父　それはな．図形でいう合同，とか，相似とかいう言葉は2つの図形をくらべている．

そもそも図形の基本は，2つの図形をくらべることからはじまるんだ．

比というのは，やはり「くらべる」ということだ．

二郎　くらべる？

父　そうだ．$a:b=2:3$ というのは，a という量と b という量をくらべたら，b は a の2分の3倍だっていうこ

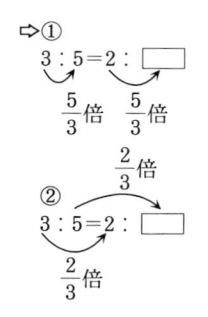

⇨ ①
$3:5=2:\boxed{}$
$\frac{5}{3}$倍　$\frac{5}{3}$倍

②
$3:5=2:\boxed{}$
$\frac{2}{3}$倍
$\frac{2}{3}$倍

という2つの用法をしっかりマスターさせたいところです．

■右は左の何倍ですか．また，左は右の何倍ですか．
　2 : 6
　4 : 3
　$\frac{1}{2}$: $\frac{2}{3}$

■以下に必修事項をかきます．
① 平行線の相似は

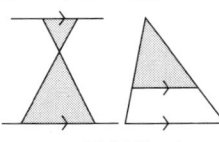

の2つの形を図の中に発見していくことがカギになります．
②

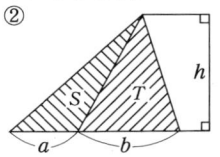

上の図で，面積の比 $S:T$ と，長さの比 $a:b$ は等しくなります．$a:b$ の両辺に h をかけて2でわると $S:T$ になりますが，同じものをかけたりわったりしても比はかわらないからです．

とだ．比っていうのはね，2つの量AとBとをくらべるときに，AはBの何倍？，BはAの何倍？って世界なんだ．

二郎　ふーん．でも，2分の3倍って分数はちょっと難しいな．

父　でも，比は分数と同じだということがわからないと，今後の勉強には，大きく遅れをとってしまう．さっき，$3:5=2:\boxed{}$ っていう問題があったね．これは，左のものと右のものを比べたら…

二郎　右は左の $\frac{5}{3}$ 倍ってことかな．

父　そうだ．だからイコール（＝）の右辺でも右は左の $\frac{5}{3}$ 倍で，$2\times\frac{5}{3}=3\frac{1}{3}$
では，そろそろテストをやってみろ．

二郎　（ノートに右図をかいて苦しんでいると，父が図の網目部を鉛筆でぬり，左，右という文字をかく．）何だ，何だ？

父　では聞くが，右の三角形は左の三角形を何倍に拡大したものだ？

二郎　右と左？（しばらく考えて）そうか，形が同じなんだ．3cmと6cmとをくらべると………そうか，右は左の2倍だ．じゃあ，**CEはAEの2倍**．

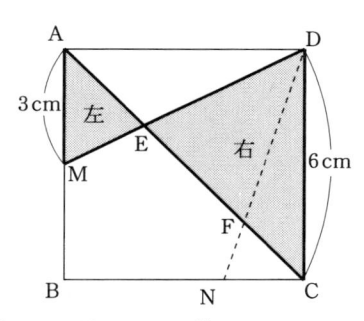

父　その通り．これは，AE:CE=1:2 ということでもある．では今度は右の図で考えてみろ．

二郎　もう大丈夫さ．上は下の3倍．だから AF:FC=3:1

父　この1:2と3:1を図＊のようにかきこむ．①:②，③:① というように基準の異なる比は○とか□とか区別してかきこむとよい．
では図＊のAEとEFとFCの長さをおまえはどうくらべる？

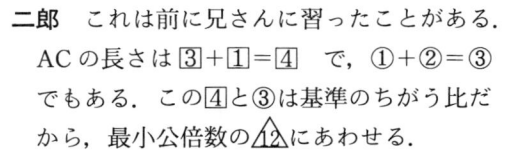

二郎　これは前に兄さんに習ったことがある．ACの長さは ③+① = ④ で，①+② = ③ でもある．この ④ と ③ は基準のちがう比だから，最小公倍数の ⑫ にあわせる．
□は3倍，○は4倍すると，右の図の通りできあがり～．

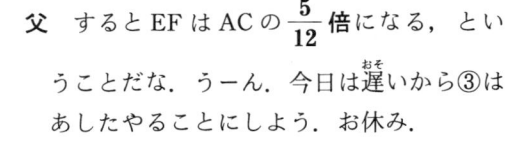

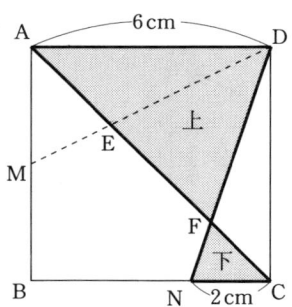

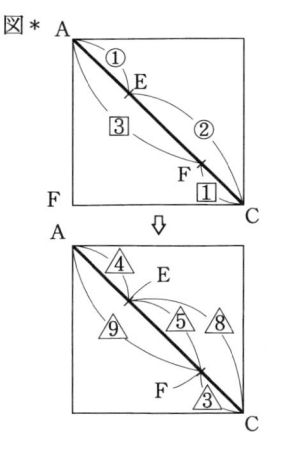

父　するとEFはACの $\frac{5}{12}$ 倍になる，ということだな．うーん．今日は遅いから③はあしたやることにしよう．お休み．

29

2日目

■1日目 p.29 必修事項②を参照して下さい．

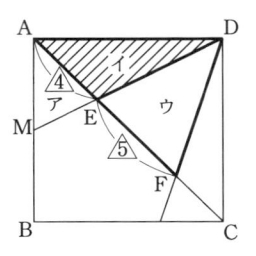

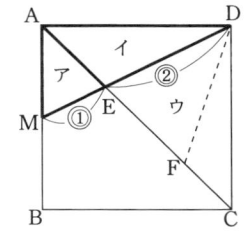

■はなれた2つの図形の面積をくらべるときに，もう1つ仲だちになる図形を見つけることが大切です．

二郎　ねぇ，きのうは中途半端なところで終わったけど，今日，はやおきして③をやってみたら，できたよ．

父　（意外そうに）ほう，そうか．では，説明してみなさい．

二郎　（図をかいて）ほら，こんな具合になるでしょう．

イ：ウ＝AE：EF＝4：5
ア：イ＝ME：DE＝1：2

この比を連比であわせて，
ア：イ：ウ
1：2
　　4：5
2：4：5

だから，ウはアの $\frac{5}{2}$ 倍さ．イを仲だちにするところがミソなんだ．

父　うーん，おまえは時に，すごくさえることがあるなあ．では，さえてるところで，次の問題をやってみなさい．（以下しばらく問題と父の解説）

■伸ばす補助線

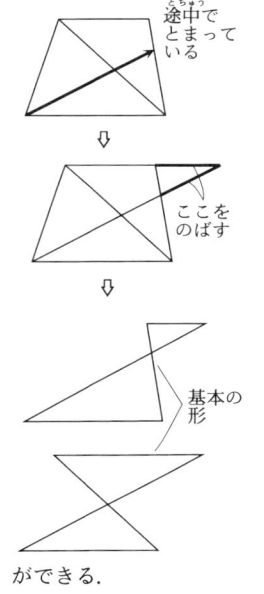

途中でとまっている
↓
ここをのばす
↓
基本の形
↓
ができる．

⇨学習の進んだ子にはメネラウスの定理の導き方なども教えたいところです．

問題1

下の図で
EG：GF
MG：GC
を求めよ．（ABCD は平行四辺形．）

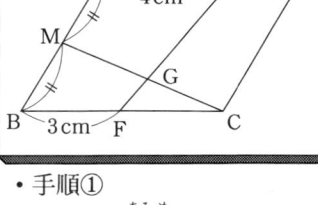

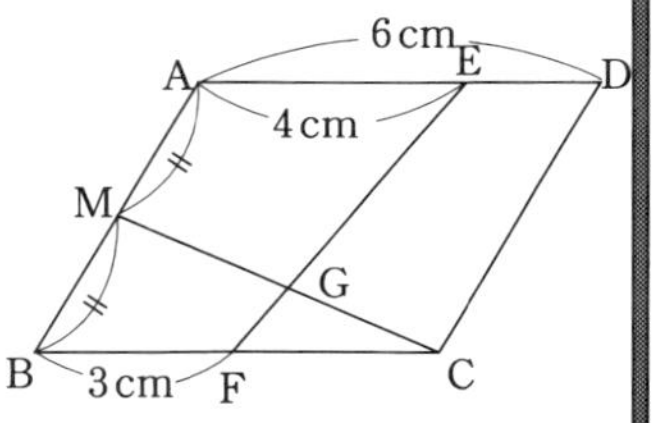

[父の解説]

・伸ばす補助線の威力を知るための問題である．

・補助線は，（砂時計型）の形ができるようにつくる．

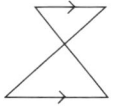

・あとは連比の問題だね．

（上図）

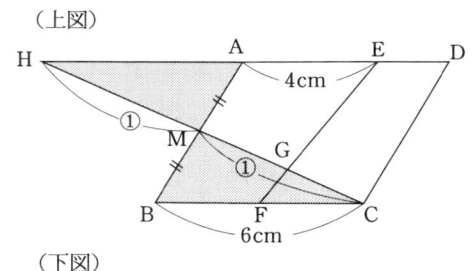

（下図）

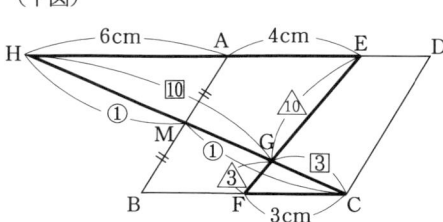

・手順①
　上図で網目の三角形は合同である．

・手順②
　下図の太線部の三角形2つの相似に注目すると，
　相似比は　上：下＝10：3
　よって，EG：GF＝**10：3**

・手順③
　HM：MC＝1：1，HG：GC＝10：3 で比をあわせ MG：GC＝**7：6**

問題 2

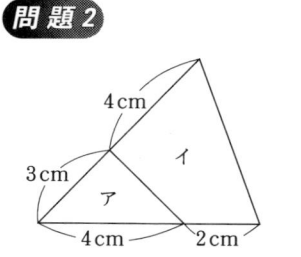

上図で三角形アと四角形イの面積比ア：イを求めなさい．

[父の解説]
- 「ア」と「ア＋イ」をくらべてみる．これなら 2 つとも三角形になる．
- 底辺の比は，4cm：6cm＝2：3
 高さの比は，図のような網目部分の相似を利用して 3：7 になる

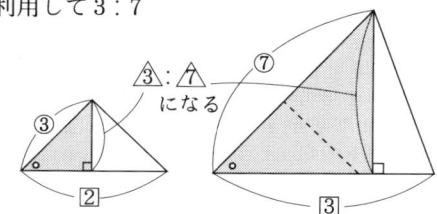

- 三角形の面積は底辺×高さ÷2 だから，
 ②×③÷2 と，③×⑦÷2
 をくらべればよい．÷2 は共通だから，2×3：3×7＝2：7 となる．
- ア：（ア＋イ）が 2：7 だから，ア：イ＝2：(7−2)＝**2：5**

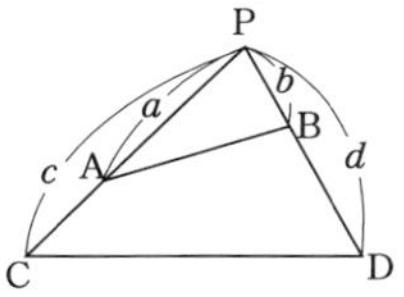

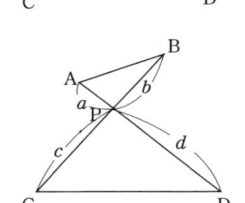

二郎 ねえ，これなら，
 ア：（ア＋イ）＝4×3：6×7＝2：7
って一気にやった方がはやいよ．
角度が等しいところの，両ワキの辺をかければいいんだ．

父 なれてきたら，そうしてもいいだろう．理屈がよくのみこめたら，公式として大いに活用すべきだ．
では次の問題は何分で解ける？

⇨△PAB：△PCD
$=a×b：c×d$
の公式は，十分に理屈を理解させてから使わせましょう．

問題 3

右図で△DEF の面積は △ABC の面積の何分のいくつか．

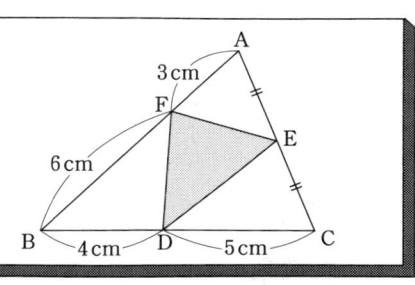

■全体を 1 とするところがまず大切です．
 一ぺんにやるのが大変なら，1 つの三角形について，じっくりと理解してみましょう．

二郎 （得意そうに右のような大きな図をかいて）
全体の面積を 1 とするんだ．すると右の図で各網目部分の三角形の全体に対する面積の割合は右にかきこんだようになる． 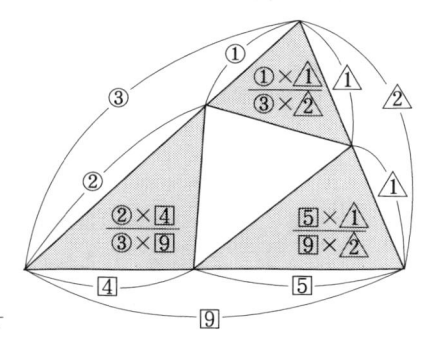
△DEF はこれら 3 つを 1 からひいて，$1-\dfrac{2×4}{3×9}-\dfrac{5×1}{9×2}-\dfrac{1×1}{3×2}=\dfrac{\mathbf{7}}{\mathbf{27}}$

3日目

父 今日は，いろいろな比の例を出して，比に対する感覚をみがいてもらうことにしよう．用意はいいかな．

問題1（基本）

A君とB君が100m走をしたら，A君がゴールしたとき，B君はゴールまであと10mでした．ではA君とB君が同時にゴールするためにはA君はスタートの位置を何mうしろに下げればよいですか．

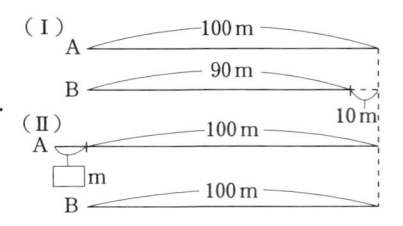

■この他に有名な（簡単だけど）ひっかけ問題としては，
「ある道を行きは時速4km，帰りは時速6kmで歩きました．行きと帰りの平均の時速は何kmですか」などというものや，
「ある品物を定価の2割引きで売ったら，損も得もしませんでした．定価は原価の何割ましですか」などというものがあります．
いずれも5km，2割増し，などと答えないように．正解は4.8km，2割5分増し，です．

二郎 これはできるさ．今までに何度やったかわからないよ．有名なひっかけ問題で，10mって答える人が多いんだってさ．
でも，これは比で簡単に解ける．
（Ⅰ）の図からAとBが同じ時間に走る距離の比は，いつでも10：9だ．
だから（Ⅱ）の図で，Aが走る（□+100）mはBの走る100mの9分の10倍．ꞏ□$=100×\dfrac{10}{9}-100=11\dfrac{1}{9}$（m）

父 では，この問題を少し難しくした次の問題をやってごらん．

問題2

A君，B君，C君の3人が同じ距離の中距離走をしました．A君がゴールしたとき，B君，C君はそれぞれゴールまで16m，112mの位置を走っていました．また，B君がゴールしたとき，C君はゴールまであと100mの位置を走っていました．
（1） B君とC君の走る速さの比を求めなさい．
（2） A君とB君の走る速さの比を求めなさい．

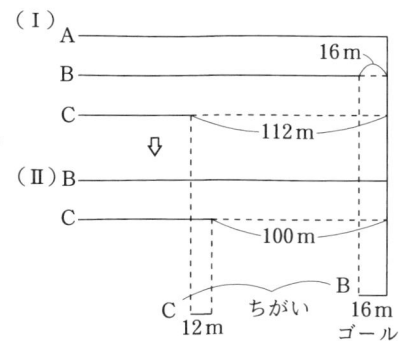

二郎 ともかく，図をかいてみようか．
（右のように図を2つかく）
うん，（1）はできそうだ．
（Ⅰ）の状態から（Ⅱ）の状態になるまで，Bは16m，Cは12m進んでいるから，2人の速さの比は，

　　B：C＝16：12＝**4：3**

（2）は難しいなぁ…

父 BとCの差に注目してごらん．

二郎 BとCの差？うーん，（Ⅰ）のときは112－16＝96m，（Ⅱ）のときは100mだよ．それがどうしたの．

父 「BとCの差」も一定の割合で増えていくだろう？（図に㋐〜㋔をかく）

■「BとCの差の比」に注目するのが難しいところです．具体的にいえば，これは「Iまでの時間」と「IIまでの時間」の比になっています．

父　図で ㋓：㋔を考えてみよう．
　　これは，「IのBとCの差」：「IIのBとCの差」だね．
　　この比は，「IのB」：「IIのB」
　　つまり，㋑：㋒に等しい．

二郎　㋒は㋐と等しいから，
　　㋑：㋐＝㋓：㋔＝96：100＝24：25
　　だから，A君とB君の走る速さの比は，㋐：㋑＝**25：24**か．なるほどねえ．考え方はかなり難しいね．

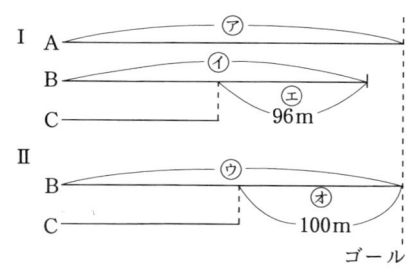

■厳密にいえば
㋑：㋐＝㋑：㋒
　　　＝㋓：㋔

■問題3はよく出るタイプの問題です．「一定の割合」ということは比を考えよということですね．

問題3

正確な時計の午前0時のときに，0時2分を示していた時計が，正確な時計の午前9時（同じ日）に，8時57分を示していました．この時計が正しい時刻を示したのは，この日の午前□時□分です．
ただし，どちらの時計も一定のわりあいで進んでいるものとします．

二郎　うーん．どこから手をつけていいかわからないや．

父　まず整理をしてみよう．
（右のような図をかく）
　　正確な時計も，狂った時計も，それぞれ一定のわりあいで動いているね．
　　だから（I）より，比がわかる．
　　正確な時計が540分進むあいだに，狂った時計は535分進んでいるから，はやさの比は，540：535＝108：107
　　狂った時計が正しい時刻を示すということは，両方の時計が同じ□時□分を示すということだ．
　　よって，（II）図より，はやさの比は，△：（△－2）

⇨学習が進んだ子には△をxとおいて
$107 \times x = 108 \times (x-2)$
より，xの方程式を解いて，$x = 216$ と出してもよいでしょう．

二郎　108：107＝△：（△－2）か．解きにくいなあ．でもまてよ．問題2で，「差の比」を考えるということをやったなあ．
　　108と107の差は1，△と（△－2）の差は2か．
　　あ，わかった．　108：1＝△：2　なんだ．
　　すると，△＝108×2＝216（分）＝3時間36分．

　　よって，**3時36分**に狂った時計は正しい時刻を示すんだ．

父　いろいろなところに比の例があるものだね．では，あしたは，その中でも一番高級なものをやることにしよう．

33

4日目

⇨この種の問題の過去問としては，麻布や灘の問題が有名です．
灘中の問題に関しては，小社出版物
「算数・日日のチャレンジ演習」のp14 7・4にあります．

> **問題**
> 右の図のように，半径5cmの円Oと半径1cmの円Pがある．円Oは固定されてうごかないものとする．
> 今，円Pを図の状態から矢印の方向へ，円Oの周にそって，一周して元の位置に戻ってくるまで，すべることなくころがす．このとき，円Pに固定された図の矢印①は円Oに固定された矢印②と何度同じ向きになるか．

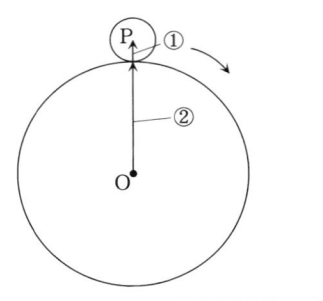

（上の問題を前に二郎と父が腕組みをしている．彼らの前には紙で工作した模型も置いてある）

■実際に工作してみるとよいけれど，ちょっと大変かも………

二郎 やっぱり，何度実験してみても答えは6回だ．何で5÷1＝5にならないの．小さい円は大きい円のまわりを5周するんだから，当然5回だと思ったのに．不思議だなあ．

父 ではおまえのいう5周というのはどういうことだい．

二郎 だって，大きい方の円周は，5×2×3.14cm
　　　　　　　小さい方の円周は，1×2×3.14cm
で，大は小の5倍さ．円Pが円Oのまわりを転がっていくとき，円周どうしがふれあっていくから，小さい方の円周全体が5回分ふれると，大きな円の周をおおいつくすことになるんじゃないかな．

父 そこまでは，おまえの主張は正しいよ．
では，右の図に，円Pがおまえのいう5周のうちの，1周目の状態，2周目の状態，3周目の状態，4周目の状態，5周目の状態をかきこんでごらん．

⇨次のようなことも一緒に教えたいところです．
・次の図で

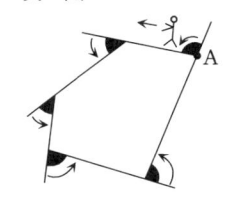

Aの位置から出発した人が五角形の周上をぐるっと一まわり歩いて元の位置に戻るとき，印をつけた角の和（人が回転した角）は360°です．

二郎 （ぶつぶつ呟きながらかきこむ）
1周すると，根元の点Aが円Oの周にくっつくんだ．だから大きい円の円周は5等分されるぞ…すると，こんなふうになるな………

父 図をよく見てごらん．何か気がつくことはないかな．

二郎 あっ．ちょうど1周したとき，小さい円の矢印の向きと大きな円の矢印の向きとがちがってる！もう1回実験してみよう．（模型で1周目までをためしてみる．）
わかった．円が1周すると，矢印は1周以

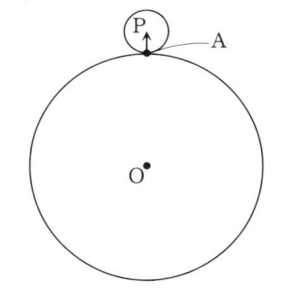

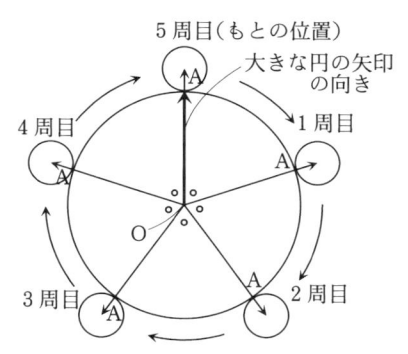

34

上してるんだ．

父 1周以上って，正確にいうとどのくらいだい．

二郎 （しばらく考えてから）$1\frac{1}{5}$周だね．○1個分だけ矢印がずれてるもの．

父 $\frac{1}{5}$って何なんだい．

二郎 （考えて）小さな円が大きな円の何分のいくつをまわったかってことじゃないかな．もしも大きな円が地球だとして，僕がそこを歩いていくとする．すると，この人はまっすぐ立っているつもりでも，はじめに「上」だと思っていた方向はどんどんずれていくんだ．

⇨ ちょっと違う話ですが似ている話で，マゼランの一行がはじめて世界を一周したとき，戻って来てみたら，日付けが一日ずれていたという話があります．

地球を$\frac{1}{5}$周したときには，矢印も1回転の$\frac{1}{5}$だけずれている．だから「1回転した！」と思いこんだときは実は，$1\frac{1}{5}$回転してるんだ．

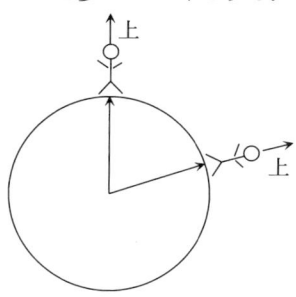

父 ほう，なかなかうまく説明できるじゃないか．では「2回転した！」と思いこんだときはどうだい？

二郎 2倍すればいい．$2×1\frac{1}{5}=2\frac{2}{5}$回転．そうか，「5回転した！」と思いこんだときは，矢印は実は，$5×1\frac{1}{5}=$**6回転**してるんだ．

⇨ 小円が大円の内側をころがるときは，1回転少なくなります．

父 その通り．実は「5回転した」と思ったとき，おまえのように歩く人は，地球を1周したことになる．そのあいだに「上」という方向は1回転する．だから，「5回転した！」と思いこんだときは，実は5＋1＝6回転してるんだよ．ところで，ここでも比も隠れていることに気がついたかな．

　　　小さい円が大きな円のまわりを△回転するとき
　　　矢印が□回転するとすれば
　　　△と□の比はいつも一定

なんだ．

二郎 すると，このテの問題はみんな簡単だね．

父 その中では難しめの問題を出すから，解いてみるとよい．略解もつけておくよ．では父さんはここで失礼．

■ BがAのまわり$\frac{5}{3}$回転するとき矢印は$\frac{5}{3}+1$で$\frac{8}{3}$回転します．Bが整数周し，矢印も整数周するには，これが3回行われればよいから$\frac{8}{3}×3=8$（回転）が答え

問題 右図の円板Aを動かさずに矢印と円板Bの両方がもとの位置にくるまで円板Bを円板Aの円周にそって時計まわりにころがしていく．このとき円板Bの矢印は何回転するか．

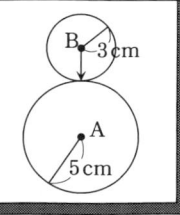

B 3cm

A 5cm

35

5日目

父 比の分野というのは奥が深い．おまえに教えているうちに，あらためてこちらもびっくりした．まだまだ教えなければいけないことがたくさんある．何から教えようか迷うくらいだけれど，これから2日間は，「一定なものを①とおく」という話をしよう．

二郎 いちって，割合の基準の1かい？5年生のとき，ずいぶんそれになやまされたんだ．

父 ある量をかりに①とおいて，他の量がその何倍になっているかを調べるというのが今日の課題だ．ためしに次の問題をやってごらん．これはね，まず，基本問題だ．

■文章をよく読んで，いくつかの場合につねに一定なものを①とおくとうまくいくことが多いというお話です．

⇨一定なものは①とおかずに，②とおいても③とおいてもよいのです．この場合は㉚とおくと，あとの計算がぐっと楽になります．
（㉚とは 7+3=10 と，2+1=3 の最小公倍数）

問題1

兄と弟が持っているお金をくらべたところ，金額の比は7：3だった．そこで兄が弟にいくらかあげたところ，兄と弟の比は2：1になった．
では兄が弟に更に，はじめにあげたのと同じ金額をあげると，兄と弟の金額の比は何：何になるか．

二郎 （しばらく考えて）ヒントないかなあ．

父 兄と弟が持っている金額の合計はいつも同じ（一定）だってわかるかな．

二郎 わかるさ．2人のあいだだけでやりとりしてるんだから，合計の金額はいつでも一定さ．

父 その一定のものを①とおく．

二郎 すると………

父 2人ははじめ $\left(\frac{7}{10}\right)$，$\left(\frac{3}{10}\right)$ の金額をもっていたことになる．

それが，兄が弟にいくらかあげたあとでは，$\left(\frac{2}{3}\right)$，$\left(\frac{1}{3}\right)$ になったんだ．

■兄は $\left(\frac{7}{10}\right)$ から $\left(\frac{2}{3}\right)$ に減り，弟は $\left(\frac{3}{10}\right)$ から $\left(\frac{1}{3}\right)$ に増えました．

二郎 兄は $\left(\frac{7}{10}\right) - \left(\frac{2}{3}\right) = \left(\frac{1}{30}\right)$ 減ったんだね．じゃあ，もう一度同じ額をあげれば $\left(\frac{2}{3}\right) - \left(\frac{1}{30}\right) = \left(\frac{19}{30}\right)$ このとき弟は ① $- \left(\frac{19}{30}\right) = \left(\frac{11}{30}\right)$

何だ 19：11 だ．簡単に出るじゃないか

父 一定の量を①とおいた方法が見事にうまくいったわけだ．では次の問題はどうかな．

問題2

A君とB君とC君が買いものにいって同じ品物をめいめいが買ったところ，A君には，買物前の半分の金額が残り，B君には買物前の10分の7，C君には5分の1の金額が残った．買物前にA，B，Cの3人がもっていた金額の比を求めよ．

二郎 わかったよ．3人が買い物をするとき，品物の値段は3人とも一定だから，これを①とおけばいいんだ．

すると次の図のように（右ページ上）A君がはじめにもっていた金額は，

②で，B君がはじめにもっていた金額は$\left(\frac{10}{3}\right)$で，Cのは，$\left(\frac{5}{4}\right)$だ．

よって②：$\left(\frac{10}{3}\right)$：$\left(\frac{5}{4}\right)$＝**24：40：15**

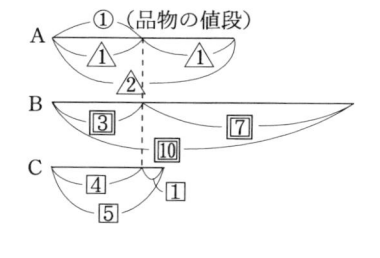

父 よくできた．分数で割合をあらわすことが，よくすぐにできたな．

二郎 ②は①の何倍？ ⑩は③の何倍？ ⑤は④の何倍？ って自問自答してみたのさ．分数と比は同じだっていうからね．

父 そこまで説明できれば立派なものだよ．では．今日の最後に次の問題にとりくんでみよう．

問題 3

地面に垂直な大小 2 本のくいがある．あるときこれらの 2 本のくいの地面から出ている部分をくらべたら 9：4 だった．ところがある日雪が降ったので，この 2 本のくいの雪の上に出ている長さの比は 9：2 になった．

次の日，雪は半分融けていた．2 本のくいの雪の上に出ている長さの比は何対何となったか．

二郎 （次のような図をかく）

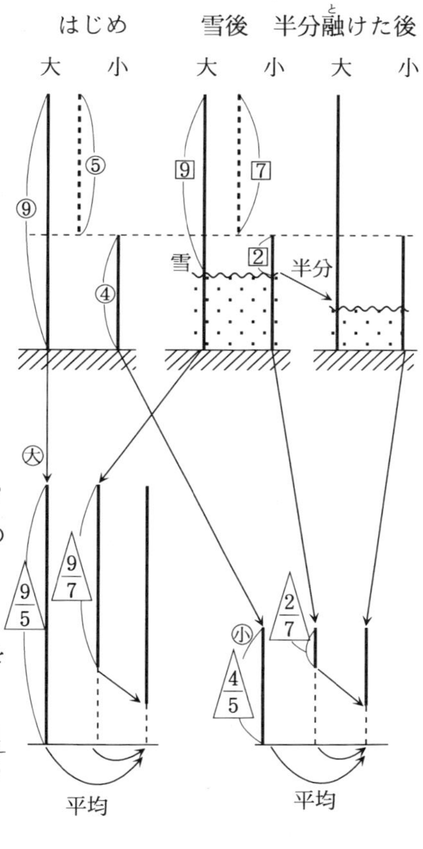

二郎 はてな，一定なものは何だろう？（と考えこむ）わかった．大小 2 本のくいの長さの差が 3 つの図に共通だ．

これを⑤とおけばいいんだな．

すると，こんなふうになる．（下図をかく）

⑨は⑤の$\frac{9}{5}$倍だから$\left(\frac{9}{5}\right)$，④は⑤の$\frac{4}{5}$倍だから$\left(\frac{4}{5}\right)$………

図でみると半分融けたあとのくいの長さは，「はじめ」と「雪後」の中間，つまり平均だな．よし，できた．

$$\left(\left(\frac{9}{5}\right)+\left(\frac{9}{7}\right)\right)\div 2 : \left(\left(\frac{4}{5}\right)+\left(\frac{2}{7}\right)\right)\div 2 = \mathbf{54 : 19}$$

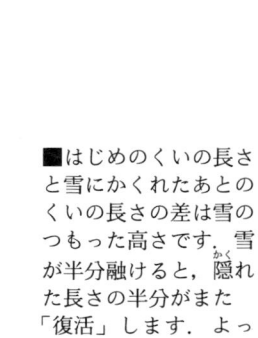

■はじめのくいの長さと雪にかくれたあとのくいの長さの差は雪のつもった高さです．雪が半分融けると，隠れた長さの半分がまた「復活」します．よって，融けたあとのくいの長さは，はじめのくいの長さと雪後のくいの長さのちょうど中間，つまり平均というわけです．

6日目

父 きのうから，「一定なものを①とおく」という話をしている．今日は，この方法が実際の入学試験でどんな威力を発揮するか見てみよう．

ところで，お父さんはおまえにテストを出したらちょっと散歩に出かけてくる．お父さんが帰ってくるまでがテスト時間ということだ．

■制限時間は2つあわせて30分でとりくんでみましょう．難しめなので，できなくとも気にしないこと．

■問題1も問題2も必ず毎年どこかの学校が出すような有名タイプの問題です．

テスト

問題1

A君が3歩で歩く距離をB君は4歩で歩く．またA君が5歩で歩く時間にB君は7歩歩く．

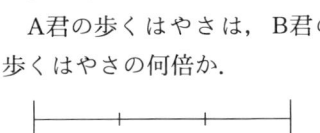

A君の歩くはやさは，B君の歩くはやさの何倍か．

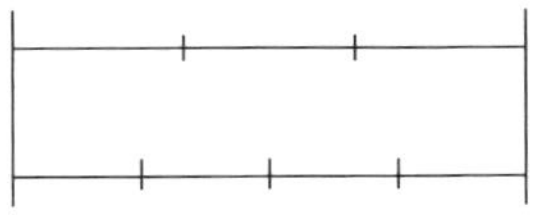

（有名問題）

問題2

不正確な2つの巻尺A，Bがあって，どちらも等間隔に1cmきざみで50mまで目盛ってある．2地点P，Q間の距離を巻尺Aではかると16m64cm，巻尺Bではかると16m68cmであった．そこで，A，Bの全長の差を正しいものさしで測ると12cmだった．

巻尺A，Bの正しい全長はそれぞれ何m何cmか．

（96　灘中）

（父はいってしまい，二郎は問題をながめる）

二郎 96，灘中って灘の入試問題そのものってことかなあ．それを今解くなんて，えらいこった．

（問題1にとりかかる．5分ほどして）

図の意味がわかったぞ．わかれば，簡単すぎるぐらいの問題じゃないか．

（問題2にとりかかってうなる）

うーん，やはりサンズイをとった方がよい学校だな．それにしても，巻尺Aの場合と巻尺Bの場合に一定なものって何なんだ？

（30分ぐらい問題を眺めている）

まてよ，これを①とおけば………やあ，大変な計算だけど少しはできたぞ．じゃあ寝てようっと．

父 （帰ってくると二郎はぐーぐー寝ている．首をかしげて）

もうできたんだろうか（二郎のノートを見る）．

二郎のノート

1　Aが3歩で歩き，Bが4歩で歩く距離を①とおく．
（この量はAの場合もBの場合も一定だから）

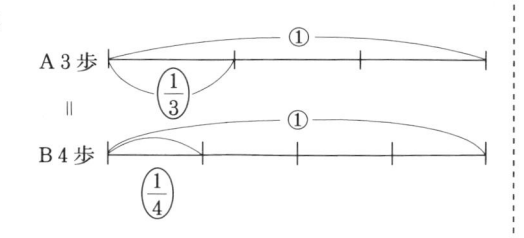

すると Aの1歩は $\left(\dfrac{1}{3}\right)$

A3歩 ①　$\dfrac{1}{3}$

＝

B4歩 ①　$\dfrac{1}{4}$

⇨差集め算でこの問題を解く方法もありますが，比で解いた方が楽なように思います．

Bの1歩は①/4

さて，ある時間内にA君は1歩①/3で5歩，B君は①/4で7歩歩くから，A君の歩くはやさとB君の歩くはやさの比は，

①/3×5：①/4×7＝20：21　　答えは$\frac{20}{21}$倍

②　巻尺Aの場合も巻尺Bの場合も，PQ間の距離は一定だからこれを①とおく．

巻尺Aは1664目盛りで①だから1目盛（1cm）は①/1664

巻尺Bは1668目盛りで①だから1目盛（1cm）は①/1668

巻尺Aの5000目盛と巻き尺Bの5000目盛のちがいが本当の長さの12cmなのだから

⑤⁰⁰⁰/₁₆₆₄と⑤⁰⁰⁰/₁₆₆₈のちがいが12cm

$$\frac{5000}{1664}-\frac{5000}{1668}=5000\times\frac{1668-1664}{1664\times 1668}=\cdots\cdots$$

（大変な計算だー!!）＝$\frac{625}{86736}$

これが12cmだから，

①＝12cm×$\frac{86736}{625}$

で，これをもとに計算すれば答えは出る．あとはただ面倒なだけだよー．

⇨別解
　巻尺Aと巻尺Bの長さの比が
　　1668：1664
であることに気づけば巻尺Aの長さは
　　12cm×$\frac{1668}{1668-1664}$
とでます．
計算はこの方がはるかに簡単ですね．

父　（ぐーぐー寝ている二郎を見ながら）うーん，この子は………（鉛筆をとってノートの下にかき加える．）

■うまく工夫して計算しましょう．
途中でいちいち計算しないで，最後まで式をかくと，うまく約分できる例です．

①はよく出来ているし，②もよく出来ている．お父さんはちょっと感心した．
でも，「あとはただ面倒なだけ」とは何だ．天下の灘中ともなれば，ただ面倒な問題など出さない．まだまだつめが甘いぞ．工夫して計算せよ．

巻尺Aは，12cm×$\frac{\cancel{1664}\times 1668}{\cancel{5000}\times(1668-1664)}\times\frac{\cancel{5000}}{\cancel{1664}}$＝5004cm＝**50m4cm**

巻尺Bは，50m4cm－12cm＝**49m92cm**

39

ステージ4

比からの発展

面積と比の話，図形と相当算の融合問題，天秤算の話，と次々まちかまえている難関に二郎は驚いたり，負けん気を出したり．難しい問題になるととたんにやる気を出す二郎も，朝ご飯だけはしっかりと食べたいようで…

1日目

■ ①

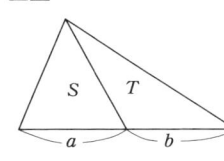

$S:T=a:b$ ………①

■ ①の発展

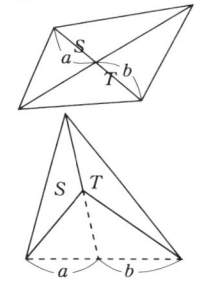

上の2つの図で，共に
$S:T=a:b$ ………②

■ ①の発展

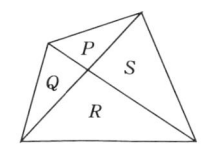

上図で
$P\times R=Q\times S$ ……③

父 今日から2日で，面積のくらべ方というポイントを仕上げていこう．まず，左側に，2つの図形の面積をくらべる方法を一らん表のようにしてずらっと並べるから，わからないところがあったら言ってみなさい．

二郎 （ずらっと並んだポイントを見て）わあ，大変だなあ．8つもあるよ．おぼえるのが大変だよ．

父 一見大変そうに見えるけど，よく見ると①と⑥は先月やったポイントだろう．あとのポイントはちょっと考えれば①と⑥から簡単に導ける．

二郎 たとえば③は？

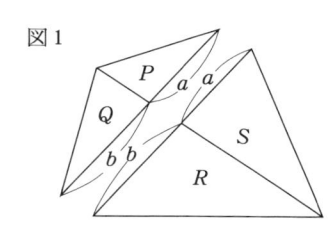

父 右図1のように分けて考えてごらん．

①より，$P:Q=a:b$
    $S:R=a:b$
両方とも$a:b$だから
    $P:Q=S:R$

よって，内項の積と外項の積は等しいから，$P\times R=Q\times S$ だ．

二郎 じゃあ2番目のは？

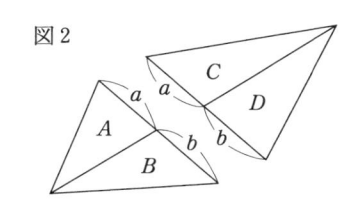

父 今度は右図2のように分けて考える．

$A:B$は①より$a:b$と同じだろう．
$C:D$も①より$a:b$と同じだろう．
では，「AとCをくっつけたS」と，「BとDをくっつけたT」との比は………

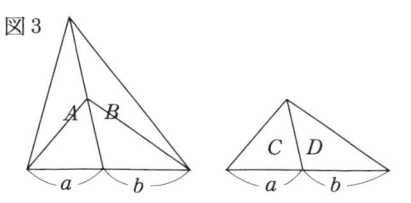

二郎 やっぱり$a:b$ってわけか．すると，右の図3で，$A:B$も$C:D$も$a:b$に等しい．だから$A-C$と$B-D$の比も，$a:b$ってわけだね．

図1

図2

図3

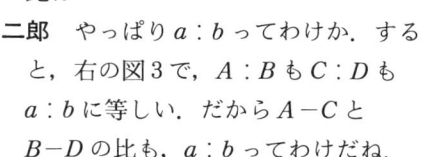

■②

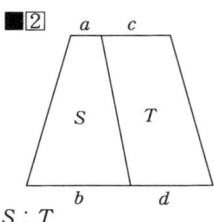

$S:T$
$=(a+b):(c+d)$
・・・・・・・・・・④

■②の特殊な形

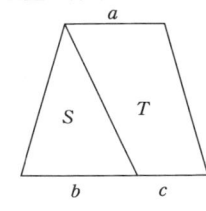

$S:T=b:(a+c)$
・・・・・・・・・・⑤

■③

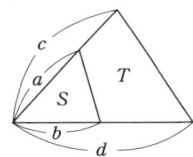

$S:(S+T)$
$=a\times b:c\times d$ ・・・・・⑥

■③の特殊な形

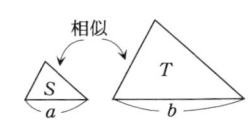

相似

$S:T$
$=a\times a:b\times b$
・・・・・・・・・・⑦

■総合④

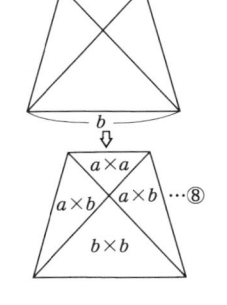

$\cdots ⑧$

二郎 えーっと，②はわかるよ．SとTは両方とも台形で，しかも高さが等しいんだ．台形の面積は，(上底＋下底)×高さ÷2 でSもTも〜〜〜の部分が同じなんだから，面積の比は(上底＋下底)の比に等しい．

つまり $(a+b):(c+d)$ だ．

父 ③は先月やっただろう．おぼえてほしいのは，相似な2つの三角形の面積のくらべ方だな．

相似というのは形が同じということだから，底辺の比が$a:b$なら高さの比も$a:b$，よって，面積の比は，$a\times a:b\times b$ なんだ．

二郎 総合④ってのが難しそうだね．

父 これは，台形を2本の対角線で4つの区画に分割したとき，4つの部分の面積の比をあらわしたものだ．

図4　図5　図6

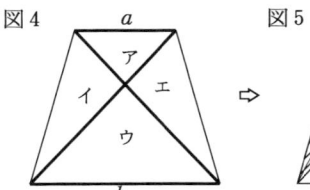

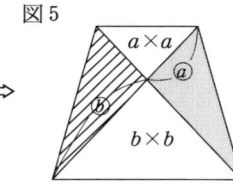

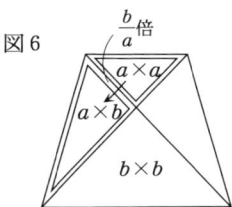

上の図4のように，上底と下底の長さの比が$a:b$の台形を2本の対角線で分けたところを考えると，太線部の三角形は相似だから，図5のように，
ア：ウ は $a\times a:b\times b$ になる．

さらに図6のように，アとイをくらべると，ア：イ$=a:b$ より，
イはアのa分のb倍で，計算すると，

$$(a\times a)\times \frac{b}{a}=a\times b \quad (\text{エも同様})$$

二郎 これで8つわかったけど，この8つをどうやってつかうのかなあ．

父 それは実際の問題を何十題も解く中で訓練していくしかないよ．でも，とりあえずは，この8つが，いつでも思い浮かぶようにしておくことだ．一寸問題を出してみようか．(右の問題を出す)

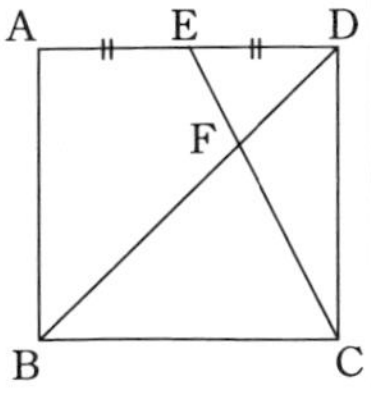

二郎 難しそうだなあ．どれつかったらいいかわからないから，ためしに解いてみてよ．

父

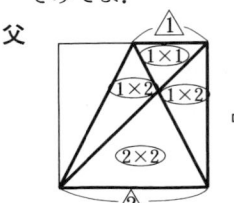

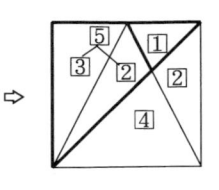

問題 右図の□ABCDは正方形でEはADの中点である．四角形EABFと△DEFの面積の差が12cm²のときABの長さを求めよ．

まず上左図のように，⑧をつかって台形4分割の形の面積比をぱーっとかきこんでしまう．上右図の面積比まではすぐに出るね．⑤と①の差が12cm²だから①は 12÷4=3cm²，全体は⑫だから，12×3=36(=6×6)cm²，よって正方形の1辺ABの長さは**6cm**だ．

41

2日目

父 では，さっそくだが今日は，昨日学んだ面積比の練習をしよう．昨日やった8項目はちゃんと頭に入ったかな．

二郎 多分大丈夫だと思うよ．

問題1

下図でABCD, ABDEはいずれも平行四辺形で，△DEFの面積は4cm²です．

(1) △CFHの面積を求めなさい．

(2) △DGHの面積を求めなさい．

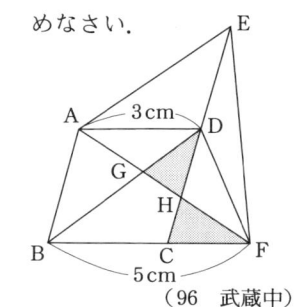

（96 武蔵中）

■線分比をたんねんに出したあと，1日目の①を使います．

問題2

図のように正三角形ABEと台形ABCDがある．ADとBCは平行でEはCD上にある．このとき，四角形ABCEの面積は三角形ADEの面積の□倍である．

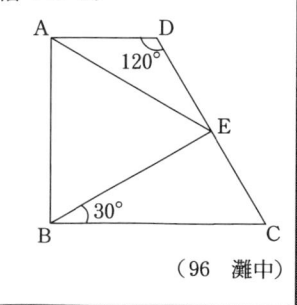

（96 灘中）

■右図のように3つの角が30°60°90°の三角定規は，正三角形の半分なので，60°をはさむ2辺の比は2:1です．

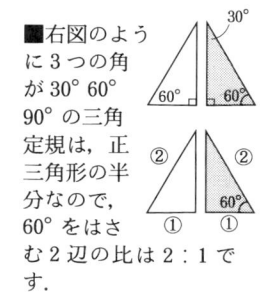

[1]の解答

・右の2つの形の相似より
  AG：GF＝3：5
  AH：HF＝3：2

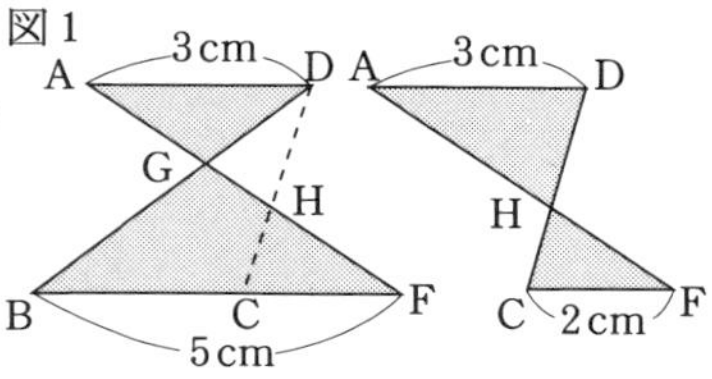

がわかる．

線分AF上の比を連比であわせて
  AG：GH：HF＝15：9：16

また，DH：HC＝3：2
  DE＝BA＝CD

より，DE：DH：HC＝5：3：2

・以上より右図のようになるので，

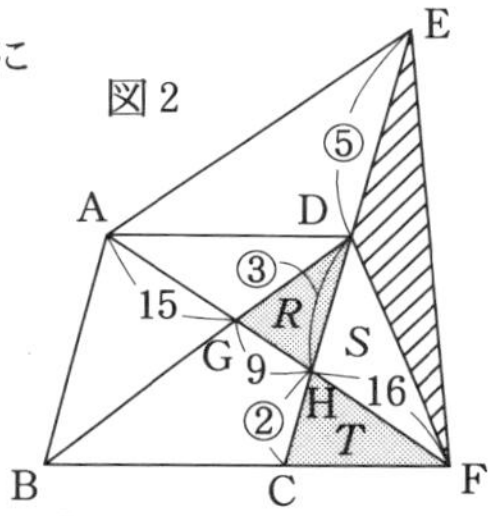

$T = 4 \times \dfrac{2}{5} = 1\dfrac{3}{5}$ (cm²)

$S = 4 \times \dfrac{3}{5} = 2\dfrac{2}{5}$ (cm²)

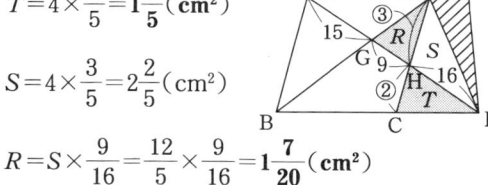

$R = S \times \dfrac{9}{16} = \dfrac{12}{5} \times \dfrac{9}{16} = 1\dfrac{7}{20}$ (cm²)

[2]の解答

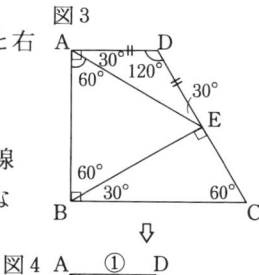

・角度の計算をすると右図のようになり，
  AD＝DE

・次にEからABに垂線を下すと，AF＝FBなので， 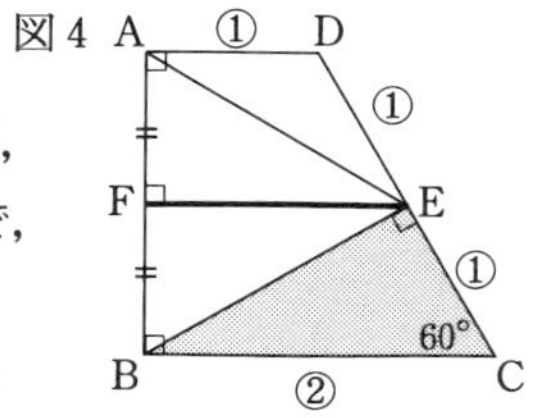
  DE＝EC

・△BCEは30°，60°，90°の三角定規なので，
  BC＝2×CE

・以上よりAD＝①とおくと，DE＝EC＝①, BC＝②
  EFはADとBCの平均で①.5

・△ADE, △AFE

■一般に台形の辺 AB, CD の各中点を E, F とした上図で, a と b の長さの平均は c です.

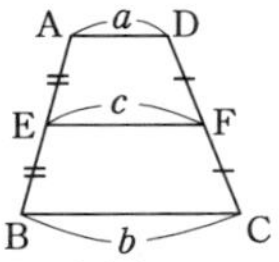

⇨問題 2 は高さの等しい三角形に分割する方法のほかにも, いろいろな解法があります. ためしてみて下さい.

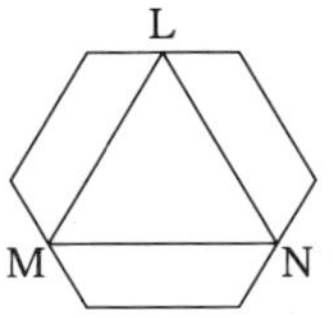

■問題 3 は 1 日目の⑦がポイント. ただし, 小さな正三角形に分割すると, 数えるだけでも答が出ます.

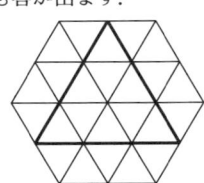

問題 3

右図のように正六角形の各辺の中点を L, M, N とするとき, △LMN の面積は正六角形の面積の何倍か.

（学力コンテストより）

問題 4

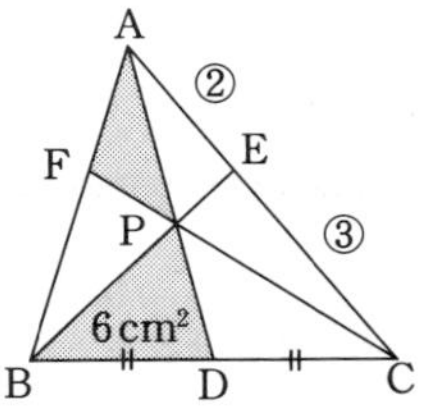

上図で, BD=DC, AE:EC=2:3 です.
△PBD の面積が 6 cm² のとき, △AFP の面積を求めよ.

△FBE, △BCE は底辺を AD, EF, EF, BC とそれぞれみるとき, みな高さが等しいので, 面積比は
　1 : 1.5 : 1.5 : 2
よって, 四角形 ABCE は △ADE の
　(1.5+1.5+2)÷1 = **5 倍**

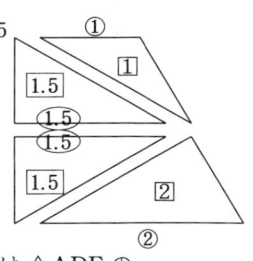

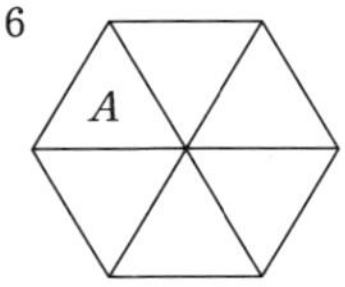

[3の解答]

・正六角形は正三角形 A の 6 倍だから, 正三角形 LMN（B とする）と A の面積をまずくらべる.

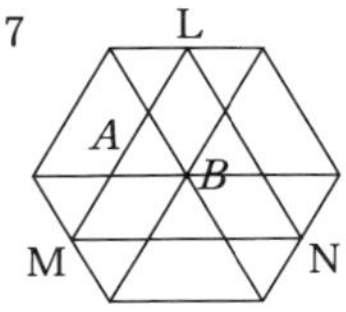

・図 8 のように, A の一辺と B の一辺の長さの比は 2 : 3 となるので, A と B の面積比は
　2×2 : 3×3
　　= 4 : 9

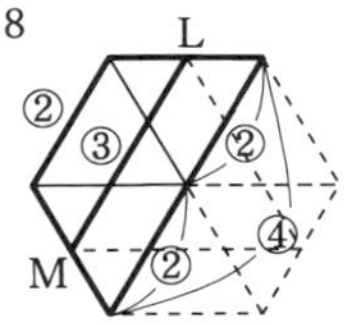

・よって △LMN の面積は正六角形の面積の
　$9 ÷ (4×6) = \dfrac{9}{24} = \dfrac{3}{8}$（倍）

[4の解答]

・まず △PDC の面積は △PBD と等しく 6 cm²

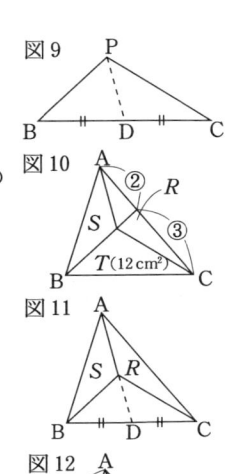

・次に図 10 に 1 日目の③を用いて
　$S : T = 2 : 3$
より,
　$S = T × \dfrac{2}{3} = 8$ (cm²)

・次に図 11 に同じく 1 日目の③を用いて, $S = R = 8$ cm²

・よって, 図 12 で $a : b = R : T = 8 : 12 = 2 : 3$

・以上より △AFP $= S × \dfrac{a}{a+b} = 8 × \dfrac{2}{2+3} =$ **3.2 (cm²)**

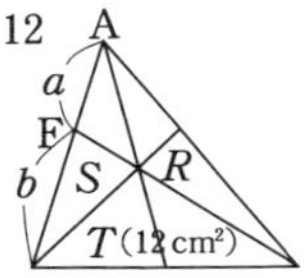

3日目

父 相当算というのをやったことはあるかな．

二郎 あるよ．というより，うんざりするほどやったことがあるよ．

父 それでは，相当算の例を1つあげてみなさい．

二郎 たとえばさあ，「ある本を，1日目は全体の5分の1，2日目は30ページ，3日目に残りの3分の1を読んだところ，あと44ページになりました．この本のページ数は何ページですか」とか，
「ある学校の男子生徒は全体の56％より32人少なく，女子は全体の58％より4人多い．この学校の生徒の人数を求めよ」
なんていう問題さ．

父 解けるかな．

二郎 もちろんだよ．たとえば2番目の例では次のような線分図をかく．

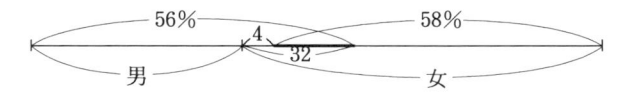

すると，全体の14％が，32－4＝28人にあたるから，全体の人数は，
$$28 ÷ 0.14 = \mathbf{200}（人）$$

父 うん，いい調子だぞ．問題が自力でつくれるなんて大したものだ．で，これからやるのは，その相当算を図形でつかおうということなんだ．

■はじめの例は
$$44 ÷ \frac{2}{3} = 66$$
$$(66 + 30) ÷ \frac{4}{5} = 120$$
で答は120ページです．

⇨かなりできる子の学力をはかるときには，「○○算」の例を自分で作れ，という方法は有力です．深い理解がないと問題は作れないからです．

問題 1

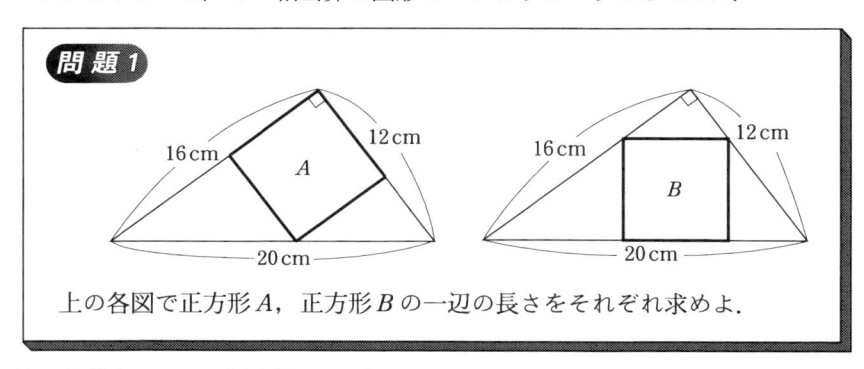

上の各図で正方形 A，正方形 B の一辺の長さをそれぞれ求めよ．

父 まず上の2つの図を見て，ぴんとこなければいけないことは，もとの大きな直角三角形と相似な三角形がたくさんあるということだ．

右にかいた網目の三角形は全部三辺の長さの比が3:4:5の直角三角形なんだ．

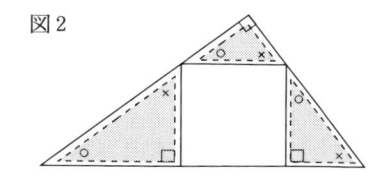

二郎 直角三角形の相似はわかったけど，目標は，正方形の一辺を求めるってことだよ．

父 その通り．目標はあくまで「正方形の一辺」だ．

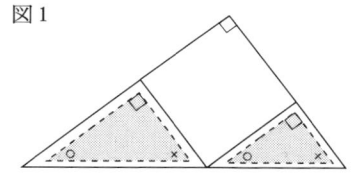

■三辺の長さの比が，
3:4:5
の三角形は直角三角形です．この三角形は中学入試でもよく見かけられます．

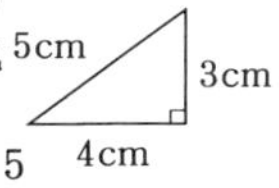

図1

図2

44

さて，相当算の基本は何かな．

二郎 相当算の基本？

父 ははあ，相当算は解けても，「相当算の基本は何？」って聞かれるとまだわかっていないらしいな．

相当算の基本はね，

> 1° 求めたい量（わかっていない量）をとりあえず①とおく
> 2° 他の量を①に対する割合であらわしていく．
> 3° 実際の量と割合とで一致するところがあったら，
>   （実際の量）÷（割合）で ①を求める．

の手順で，解いていくことだ．特に1°が大切だ．

⇨結局これは
1° 未知の量を x とおく．
2° x についての式をたてる．
3° 方程式を解く
という，方程式のポイントと同じです．

二郎 すると，求めたい正方形の一辺を①とおくわけか．（右のような図をかく．）

何だ，ここまでかくとずいぶん簡単な問題なんだなあ．

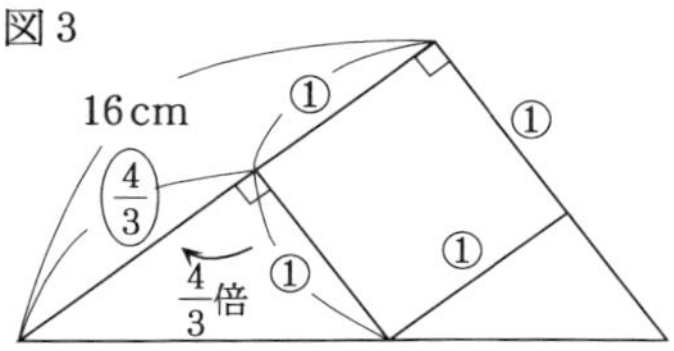

図3では実際の量の16cmが，割合の $(\frac{4}{3})+① = (\frac{7}{3})$ だから，$16 \div \frac{7}{3} = 6\frac{6}{7}$ (cm)

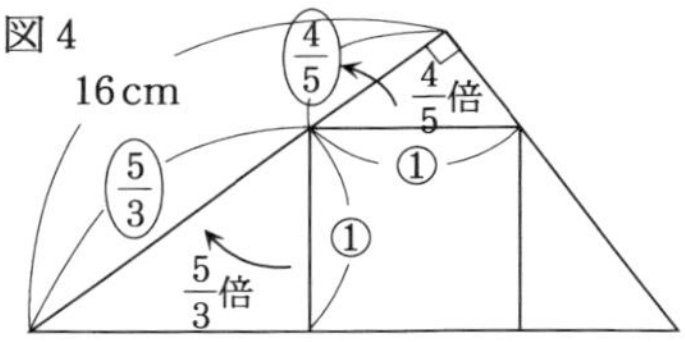

図4では，実際の量の16cmが，割合の $(\frac{5}{3})+(\frac{4}{5}) = (\frac{37}{15})$ だから，$16 \div \frac{37}{15} = 6\frac{18}{37}$ (cm)

父 よくできた．ではもう一題次の問題を練習してみよう．

問題2
右の図で網目(あみ)部分の面積は何 cm² か求めよ．

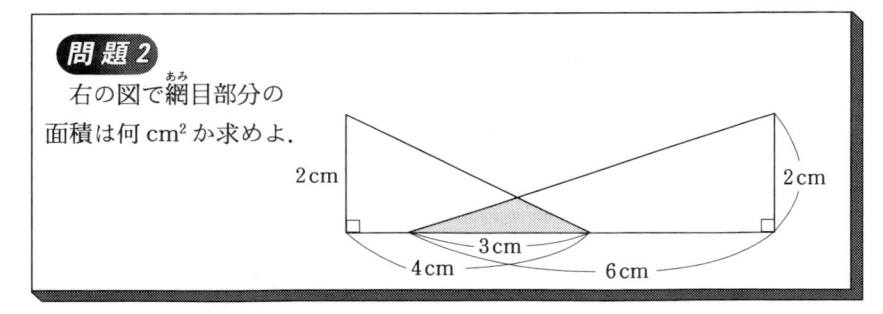

■面積を求めるには，高さがわかればよい．ということで，目標を「高さ」にうつしかえます．

二郎 網目部分の三角形は，底辺がわかってるんだから，あとは高さがわかればいいよね．

じゃあ高さを①とおいてみよう．

おや，三角形Aは，元の図の右側の三角形と相似だから，直角をはさむ辺の比は1：3だ．

同じように，三角形Bは1：2だ．（右図）

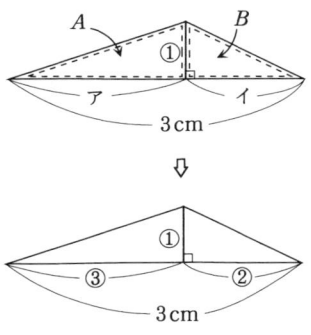

じゃあ⑤が3cmにあたるから①は

$3 \div 5 = \frac{3}{5}$ (cm)　　面積は $3 \times \frac{3}{5} \times \frac{1}{2} = \frac{9}{10}$ (cm²)

4日目

（日曜の朝，二郎が起きてみると，父は散歩に出かけてしまっていて，机の上にかきつけが置いてある．）

> **父のかきつけ**
> しばらくぶりにテストをすることにした．おまえの実力も大分あがってきているので，少し難しめの問題もまぜてある．文字通り，朝飯前に解きなさい，と言いたいところだが，それはいくらなんでも無理だろう．

二郎（噴慨して）いくらなんでも無理はひどいなあ．こんなの朝飯前に解いてやる．（テストにかかる）

■ 1〜3あわせて20分でとりくんでみましょう．1は前日のポイントさえわかっていればやさしい問題です．3はやや難．
⇒ 3は甲陽学院の過去問の数値を変えたものです．

テスト

1 アの長さを求めよ．

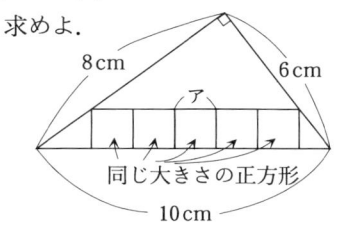

（8cm，6cm，10cm，同じ大きさの正方形）

2 直角三角形 A と B の面積の比を求めよ．

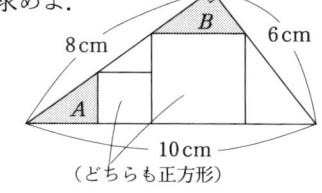

（8cm，6cm，10cm，どちらも正方形）

3 右の図で
 AB と PD
 BC と PE
 CA と PF
は平行で，イ，ロ，ハの長さがみな等しいとき，イの長さを求めなさい．

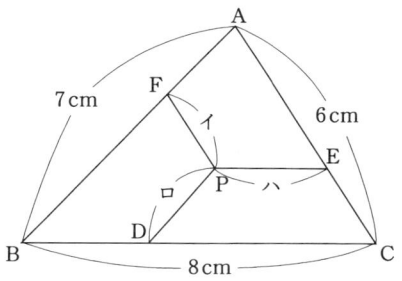

（7cm，6cm，8cm）

二郎 （1, 2の図をしばらく眺めて考えこむ．しばらくして）
 何だ，複雑そうに見えるけど，昨日やった図と同じじゃないか．
 （下の図のように書きこむ．）みんな3：4：5の直角三角形だ．

1 は 10cm が $\left(\frac{4}{3}\right) + ① + ① + ① + ① + ① + \left(\frac{3}{4}\right) = \left(\frac{85}{12}\right)$ にあたるから ① は $10 \div \frac{85}{12}$

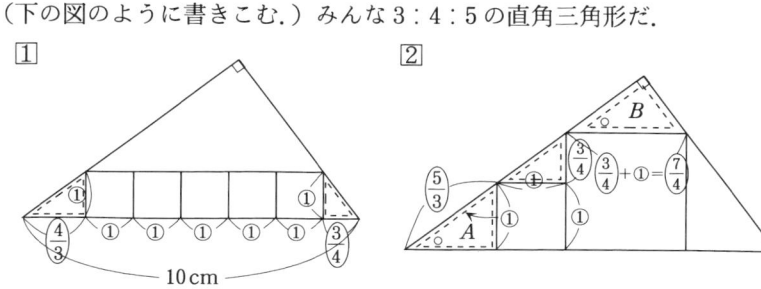

を計算して，$1\frac{7}{17}$(cm) が答え．

②は，A と B は相似な直角三角形で，斜辺の比が $\frac{5}{3} : \frac{7}{4}$ だから，

面積比は，$\frac{5}{3} \times \frac{5}{3} : \frac{7}{4} \times \frac{7}{4} = 400 : 441$

（③を見て）

イ＝ロ＝ハの長さを①とおくんだろうけど，これは手ごわそうだな．

（しばらく考えこむ）

■ p.30 にもでてきましたが，伸ばす補助線をひいて，

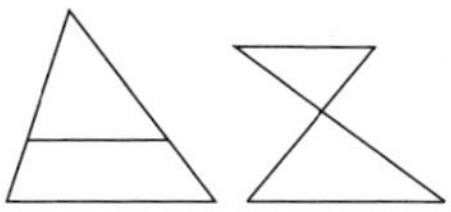

の平行線がらみの相似をつくる感覚が大切です．

まてよ，線をのばすと相似だらけになる．

（右の図1をかく）

網目の三角形は，みんなABCと相似．
つまり三辺の比が6：7：8の三角形だ．

すると，a の部分や，b の部分は，①に対する比であらわせそうだな．

あと，四角形 P, Q, R は平行四辺形だ．……あっ！わかったぞ．

（右の図2をかく）

このように書くと

8cm が $\left(\frac{4}{3}\right) + \left(\frac{8}{7}\right) + ①$ にあたるから，①は，$8 \div \left(\frac{4}{3} + \frac{8}{7} + 1\right) = 2\frac{22}{73}$ (cm) だ．

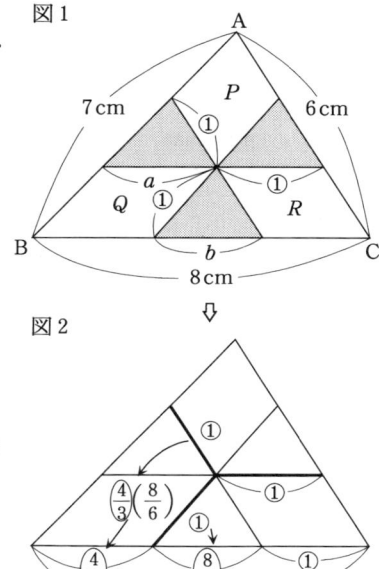

（父が帰ってくる）

二郎　ねえ，朝飯前だったよ．

父　（驚いて）本当か？（ノートを見ると，ちゃんとできている）うーん．それじゃあ，もう一問やろう．

二郎　（驚いて）いやだよ．御飯が食べたいよ．

父　では，御飯を食べたら，やっておきなさい．解答も一応つけておくから．

■難問です．理系の大学生にやってもらったところ，みな30分近くかかっていました．
（答えは5日目のどこかに）

問題

底辺BCの長さが17cm，高さも17cmの二等辺三角形ABCと，正方形DEFGを図のように重ねてかきました．このとき，EFはBCと平行で，3点B，E，Gを結ぶと1直線になりました．正方形の一辺の長さを求めなさい．

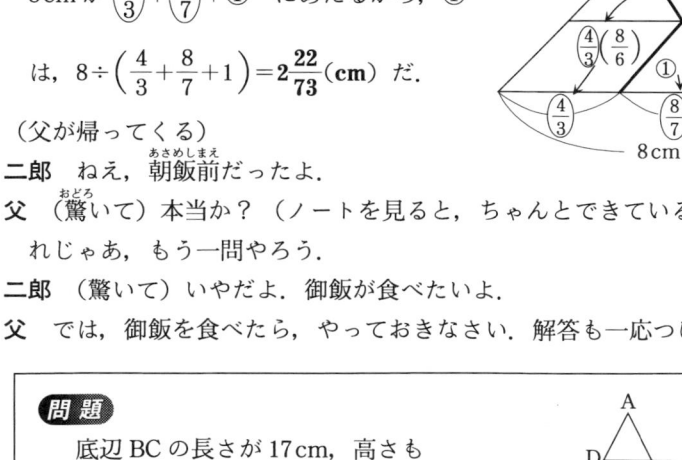

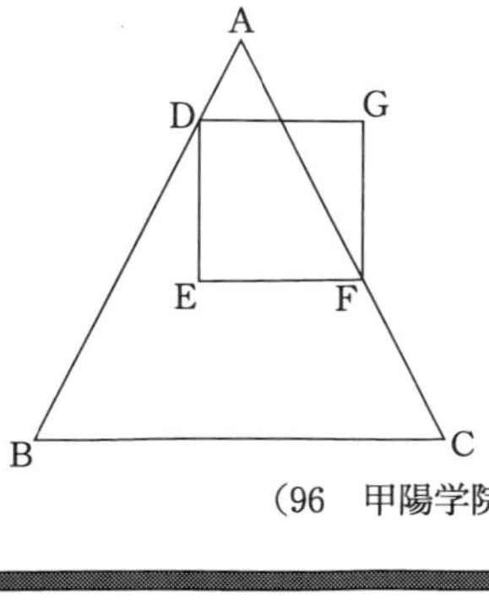

（96　甲陽学院）

5日目

⇨普通の解き方と天秤算による解法を両方やって、便利さを実感させて下さい。そのあとで、理屈も必ず教えましょう。

二郎　一郎兄さんに，ものすごく便利なものを教わったんだ．天秤算とかいうんだけどね．父さんも知ってる？

父　（苦笑いして）知っているよ．

二郎　じゃあ問題を出すから解いてみなよ．

問題1　6％の食塩水200gと15％の食塩水☐gを混ぜたら，9％の食塩水ができた．☐にあてはまる数を求めよ．

問題2　5％の食塩水が240gある．この食塩水に食塩を☐g入れると，8.8％の食塩水になる．

■天秤算の手順
① 数直線上にまぜる食塩水の濃度2種類と重さを記入する．
② まぜたあとの濃度をつりあいの中心とすると，この天秤がつりあっているはず．
③ 腕の長さ（つりあいの中心からの距離）と食塩水の重さをかけたものが等しいことから求めたい量を求める．

父　ほう，食塩水の問題だな．
　　（右の図1をかく．）
　問題1は，この天秤がつりあっていればよいから，
　　　200×3＝☐×6
　よって，☐＝100
　問題2は，「食塩」とは100％の食塩水だと考えて，あとは同じようにする．
　　　240×3.8＝☐×91.2
　よって，☐＝10

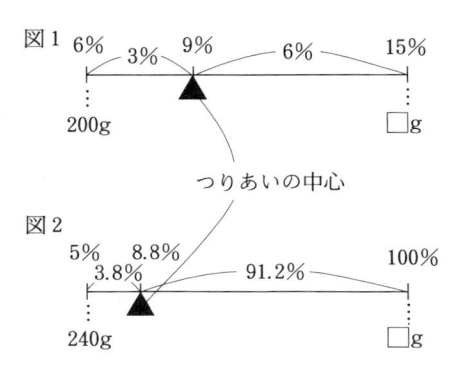

図1　6％─3％─9％─6％─15％
　　200g　　　　　　　☐g
　　　　　　　つりあいの中心

図2　5％─8.8％─────100％
　　　3.8％──91.2％
　　240g　　　　　　　☐g

二郎　本当にベンリなやり方だよね．面倒臭かった食塩水の問題を一発で解けちゃうんだから．
　でも困ったことに，なぜこんな解き方ができるかわからないんだ．

父　これは「面積図」をつかって説明するんだよ．食塩水の公式って知ってるかな．

二郎　食塩水の三公式っていうのだろう．ええと……　食塩水×濃度＝食塩
　これが第1公式．次が………

父　その1つで十分だろう．あとは式の形を変えるだけで，自分で導びけるからね．そもそも，濃度って言葉は，全体の中に食塩がどのくらい含まれてるかっていう「割合」を表すのだから，全体に割合をかければ，食塩が出てくるのは当然なんだ．
　ところで，この式は，2つのもの（ここでは食塩水と濃度）をかけると，別のもの（ここでは食塩）になることを表しているだろう．
　そこで，食塩水の量をよこに，濃度をたてにとって長方形をつくるとその長方形の面積は，食塩の量とい

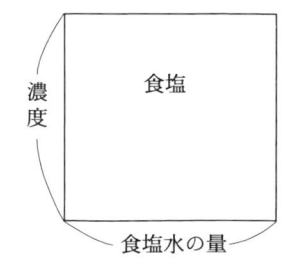

（縦：濃度，横：食塩水の量，内部：食塩）

4日目の問題の解答

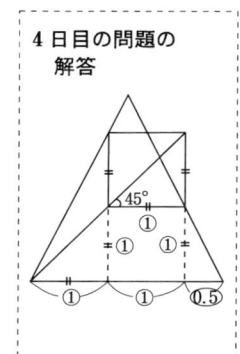

17cmが2.5にあたるので，
17÷2.5＝**6.8(cm)**

■図の一部をぬきだすと

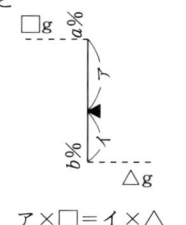

ア×□＝イ×△

うことになる．

では，（と右図をかいて）長方形の面積は，2つの食塩水の塩の量だ．

二郎 a％の食塩水□gの塩の量と，b％の食塩水△gの塩の量だね．

父 そうだ．この2つをまぜるとどうなるだろう．

二郎 ……………………

父 まぜるということは「濃さをならす」ということだ．これは2つの長方形のたての長さを同じにするということだね．

そこで左側の長方形から食塩をちょっと取って，右側へうつす．（網目部分）

するとたて（濃度）が平均化されたね．

さて，網目部分の面積どうしが等しいことを考えながら，図5をじっと見てみよう．

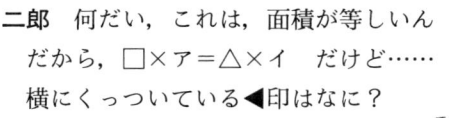

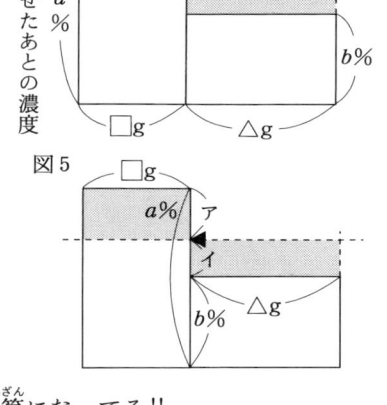

二郎 何だい，これは，面積が等しいんだから，□×ア＝△×イ　だけど……

横にくっついている◀印はなに？

えーと，あ，あ，あ!!　横から見ると天秤算になってる!!

父 ………ということなんだ．

＊　　　　＊　　　　＊

父 実は天秤算というやり方は，おそろしく奥が深い．食塩水の問題ばかりでなく，2つのものを平均したり，まぜたりする問題では，ほとんど使える．

たとえば，次のような問題でさえ，天秤算が有効なんだ．

問題3

男子と女子の人数の割合が，3対2のクラスがあります．このクラスを，Aグループ，Bグループにわけたところ，Aグループの男女比は9：7，Bグループの男女比は2：1だった．

ではAグループとBグループの人数の比を求めなさい．

父 AグループとBグループをまぜたら，男女比が3：2のクラスになったというように考える．

すると，2つのものをまぜて平均する，ということになるね．

男子の割合は，Aグループでは $\frac{9}{9+7}=\frac{9}{16}$　Bグループでは $\frac{2}{2+1}=\frac{2}{3}$　全体では $\frac{3}{3+2}=\frac{3}{5}$ だ．ではこれをヒントに明日までに答を出しておきなさい．

6日目

■ここから2ページは学習の進んだ上級者向けのページです．

⇨ここから天秤算の応用について学習します．普通の解き方でも解けますが，それだとかなり難しい問題も多いでしょう．ここでは「平均」（加重平均）の考え方がいかに本質的なものであるかを，よく味わせて下さい．

二郎　昨日の問題だけど…（右の図のような面積図と天秤の図を2つ用意している）

昨日，一生懸命面積図をかいてみてようやくわかったんだ．

グループの人数が食塩水の量に，男子の割合が，食塩水の濃度に，男子の人数が食塩の量にあたるわけだね．

結局，下のような天秤がかけて

$$\frac{3}{80} \times □ = \frac{1}{15} \times △$$

だから，□と△の比は $\frac{3}{80}$ と $\frac{1}{15}$ の逆比で

$$\frac{1}{15} : \frac{3}{80} = 80 : 45 = 16 : 9$$

よって，Aグループと Bグループの人数の比は **16 : 9** なんだ．

父　天秤算というのは，実は平均の考え方のことなんだが，平均というのは小学校で学習することの中でも最も奥の深い考え方の1つなんだよ．

では，自力で応用問題を解いてみなさい．

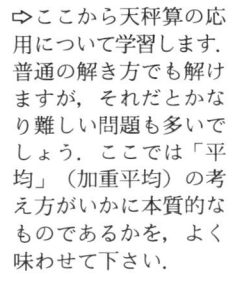

問題 1

ある学校の入学試験で，受験者の4割が合格しました．合格者の平均点は合格最低点より6点高く，不合格者の平均点は合格最低点より19点低かった．全受験者の平均点が60点のとき，合格最低点は何点ですか

二郎　図をかいてみるとどうなるんだろうね．（右図をかく）

この場合，人数×平均点＝総得点だから，人数が食塩水に，平均点が割合（濃度）に，総得点が食塩にあたるんだね．

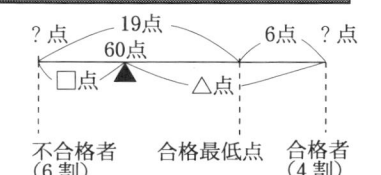

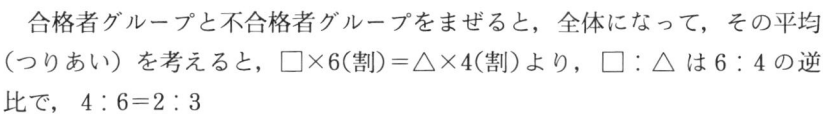

合格者グループと不合格者グループをまぜると，全体になって，その平均（つりあい）を考えると，□×6(割)＝△×4(割)より，□：△は6：4の逆比で，4：6＝2：3

□と△の合計は 19＋6＝25（点）だから

$$□ = 25 \times \frac{2}{2+3} = 10（点） \qquad △ = 25 \times \frac{3}{2+3} = 15（点）$$

よって，合格最低点＝60－□＋19＝60－10＋19＝**69（点）** だ．

＊　　　　＊　　　　＊

ふーん，慣れてくると，すばやく解けそうだよ．

父　その通りだね．では，次の問題にいってみようか．

■平均の問題です．面積図を自分でかいてみるとよいでしょう．
　制限時間10分

問題2

ある土地の面積の3分の1の部分には，5 m²につき11本の割合で，残りの部分には，2 m²につき5本の割合で木を植えることにし，必要な本数を用意した．ところが，全体の土地に1 m²について2本の割合で植えたので，木は36本あまった．この土地の面積は，何 m²ですか　　（開成・改）

■右の面積図で，面積は「木の本数」を表します．
　では，天秤算の「濃度」にあたるものは，何でしょう．

二郎　①の土地には1 m²について2.2本の割合で，②の土地には1 m²について2.5本の割合で木を植える予定だったんだね．すると，右のような面積図がかけるな．

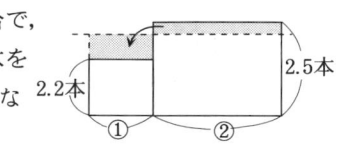

ならしてしまうと，右図の天秤算の▲のところを求めればいいから，
　　ア：イ＝2：1（1：2の逆比）
　　ア＋イ＝0.3（本）より
▲のところは，2.4（本）だ．

平均すると，1 m²あたり2.4本の木を植える予定だった．ところが実際には1 m²あたり2本．よって，1 m²あたり0.4（本）ずつ予定よりも減ったことになる．この0.4（本）が何 m²かつもりにつもって計36本となるのだから，
　　土地の面積＝36÷0.4＝**90（m²）**

■これは，濃度の問題に，よく似ています．うまくいいかえてみましょう．
　制限時間15分

問題3

A，B 2つの箱に白石と黒石が入っている．Aの中には2700個入っていて，そのうち3割が黒石である．Bの中には1200個入っていて，そのうち9割が黒石である．いま，Bからいくらかの石をAに移したところ，Aの中の黒石は4割になっており，Bの中の黒石は9割のままだった．BからAに移した石の総数はいくつか．　　（武蔵・改）

二郎　黒石の割合が，食塩水の濃度にあたるわけだな．

Aに石を移す前もあとも，Bの'濃度'は9割で変わっていないから，BからAに移した石の'濃度'も9割だ．

つまり，濃度が3割のA 2700個と，濃度9割の移した石□個をまぜたら，濃度が4割になったっていうことだ．

すると，右図のような天秤の図がかけるから，2700×①＝□×⑤
よって，□＝2700÷5＝**540（個）**

⇨従来の区分でいう，「濃度算」「平均算」「倍数変化算」「つるかめ算」などには全て加重平均の考え方が本質的に含まれています．尤も一つおぼえのやりすぎは害になるでしょうが………

父　その通り，よくできたな．実はつるかめ算なども，この天秤算の応用ですいすい解ける．つるかめ算も本質的には「平均」だからだ．でも，つるかめ算を天秤で解くのは，ちょっと行き過ぎだとお父さんは思うよ．

ステージ5 比のまとめ

二郎の学習姿勢もだいぶ板についてきました．父親も様々な工夫をしているようです．倍数変化算と連立方程式をからめてみたり，ダイヤグラムから比を読みとらせたり，この章の問題が自力で解けるようになるころには，比の問題はほとんど卒業ですね．

1日目

父　○○算というのはいくつくらいあるか知ってるかな．

二郎　すぐにはわからないや．ええと，植木算，方陣算，つるかめ算，追いかけ算，差一定算，消去算，流水算，仕事算，ニュートン算……………
　　　一体いくつあるんだろうなあ．

父　数え方にもよるんだろう．たとえば暦の問題を日暦算なんて名前をつけた人もいるからね．まあ，主要なものだけで，20近くある．
　　　でも，これらの○○算にもはやりすたりがあるんだ．例えば，お父さんの子供の頃にはニュートン算なんてなかった．
　　　また，「倍数変化算」というものは，昔と今では，解き方がちがっている．

二郎　へえ，解き方がねえ．どういうふうに違うの．

父　では，具体的な問題で説明しようか．

■ニュートン算という呼び名ができたのは，昭和50年前後のことと思われます．

■倍数変化算の標準問題です．制限時間7分として解いてみましょう．

> **問題**
> 兄と弟の貯金高の比は5：3でした．ところが，兄が7500円使い，弟が1000円貯金したので，兄と弟の貯金高の比は3：4になりました．兄のはじめの貯金高はいくらですか．
> （慶應中等部）

⇨この方法が難しかったために，昔は倍数変化算は難問ということになっていました．

父　まず，昔流の方法でやってみよう．

1°　兄と弟は，5：3だった．

2°　だから，もしも兄が7500円，弟がその5分の3の4500円使っていたら，兄と弟の貯金高の比は，5：3（＝⑮：⑨）のままになるはずだった．

3°　ところが実際には，弟は4500円使うかわりに1000円貯金した（5500円の差!!）ので，比は，3：4（＝⑮：⑳）になった．

4°　「もしも」の場合と「実際」の場合をくらべると，5500円が，（⑳−⑨＝）⑪にあたることがわかる．よって，①は5500÷11＝500円

5° 兄のはじめの貯金額は，⑮＋7500＝15×500＋7500＝**15000**（円）

二郎　ふーん，2°のところで，「もしも」って考えて，あとで実際の場合とのくいちがいを考えるわけか．つるかめ算で，「もし全部つるだったら……」って考えるのと似てるね．少し難しいな．

　　　それで，今はどう解くの？

父　今はね，条件を線分図にあらわしてから，機械的に解いてしまう．

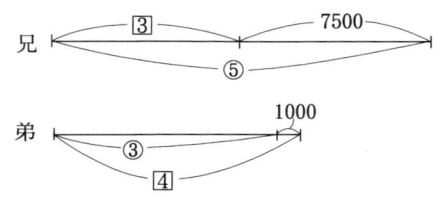

上のような図がかけることになるね．

　いま，⑤と③をそろえるために，兄の線分図を3倍，弟の線分図を5倍すると

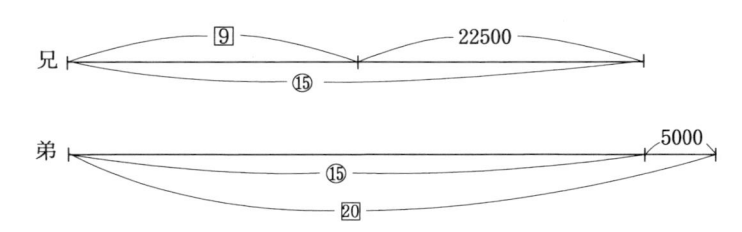

ここで，よく線分を見ると，22500＋5000＝27500（円）が（⑳－⑨＝）⑪にあたることがわかる．

　そこで，兄のはじめの貯金額は，
$$（27500÷11）×3＋7500＝\mathbf{15000}（円）$$

二郎　線分図にあらわしてさえしまえば，あとは□か○のどちらかをそろえると，自然とできるわけだね．こっちの方が考え方はやさしいや．

父　実は「線分図のたしひき」から，中学でならう「方程式」の考え方まではほんの一歩なんだ．

二郎　どういうこと？

父　兄のはじめの貯金額を，$5×x$ 円，7500円使ったあとの貯金額を $3×y$ 円とするね．

　　　弟のはじめの貯金額は………

二郎　$3×x$ 円だよ．弟が1000円貯金したあとの貯金額は $4×y$ 円だ．

父　すると，　　$3×y＋7500＝5×x$ ……………………………①

　　　　　　　　　$4×y－1000＝3×x$ ……………………………②

　①×3をつくると，$9×y＋22500＝15×x$ ………………………③

　②×5をつくると，$20×y－5000＝15×x$ ………………………④

　③と④をくらべると $11×y$ が27500になるね．ここからは線分図と同じだね．

⇨ここからの解法は，いわば，「線分図の消去算」です．

　中学で習う方程式の解法（連立方程式）とも，きわめて類似しています．

　学習が進んだ子には倍数変化算は，連立方程式として考えさせた方が，かえって無理がないようです．

2日目

父 昨日やった倍数変化算というものは，ある意味ではワンパターンだから，あまり面白いとはいえない．だが，せっかくだから，何題か問題を解いてみよう．

問題1

AさんとBさんのある月の収入の比は7:6で，その月の支出の比は19:16でした．その月の終わりには2人とも3万円が残りました．Bさんのその月の支出はいくらでしたか．

（関西学院）

■□をあわせる方もためしてください．Aを16倍，Bを19倍して，あとは線分のたしひきを考えます．

二郎の解法

・まず線分図をかいてみよう．収入を⑦や⑥支出を⑲や⑯とあらわすと，

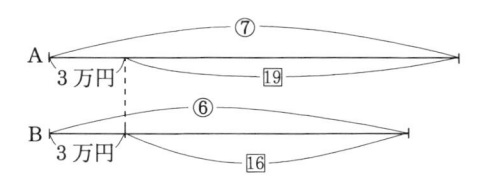

A ⑦ 3万円 ⑲
B ⑥ 3万円 ⑯

・ここで○か□どちらかの数字をあわせればいいんだな．
どちらでもよさそうだから○をあわせてみよう．Aを6倍，Bを7倍すると，

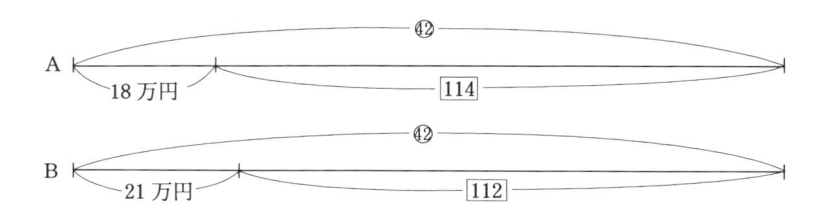

A 18万円 ㊷ 114
B 21万円 ㊷ 112

この2つの線分をくらべてみると
　　21万円 − 18万円 = 3万円
が，　114 − 112 = 2
にあたるので，1は　3万円 ÷ 2 = 1万5千円

よって，Bのその月の支出は，16 = 16 × 1万5千円 = **24万円**

父 もうパターンにはまった問題は大丈夫なようだね．では，上の問題を，おまえは'暗算で'解けるかな．

二郎 （ぎょっとして）暗算で!?

父 では，AとBの収入の差と，AとBの支出の差には，どんな関係がある？

二郎 （しばらく考えて）そうか．同じだ．
　　Aの収入 − Aの支出 = Bの収入 − Bの支出（= 3万円）
だから，　Aの収入 − Bの収入 = Aの支出 − Bの支出　だね．

父 つまり，⑦と⑥の差の①が⑲と⑯の差の③にあたっているだろう．
では⑦:⑥を3倍すれば，㉑:⑱というように，比の基準が統一されるね．
Aの収入 = ㉑，Aの支出 = ⑲だから，②が3万円にあたる．

よって，Bの支出は，　$3万 \times \frac{16}{2} = 24万円$

■複雑な倍数変化算は'暗算'では解けませんが，問題1くらいのものは，ぜひ'暗算'で解けるように努力しましょう．
　意味さえわかっていれば，さほど難しくもないはずです．

では次の問題はどうかな.

■[10]−[9]=[1]
[6]−[5]=[1]
が，ともに残金の 120 円にあたるわけです.

問題 2

英子さんと和子さんは，5：3 の割合でお金を持っていましたが，買い物に，9：5 の割合で使ったため，2 人共 120 円ずつ余りました．はじめに 2 人はそれぞれいくら持っていたでしょうか.　（東洋英和女学院）

二郎　今度こそ暗算で解いてやろう.
もっていたお金が⑤と③，で差は②
つかったお金が，[9]と[5]，で差は[4]
これが等しいはずだから，○を 2 倍して，
もっていたお金が[10]と[6]とすればいいんだ.
すると
英子さんがもっていたのは[10]
つかったのが，[9]
残った 120 円が[1]（=[10]−[9]）にあたるから，
英子=[10]=1200 円．和子=[6]=720 円 だ.

父　よくできた．倍数変化算は，基本さえしっかりわかってしまえば，あとは問題文の読解が複雑になるだけで，ワンパターンだよ.
では，まとめとして，ちょっと変わった問題を出してみようか.

➩先月号の天秤算（てんびんざん）の考え方をつかえば
白石の濃度（のうど）$\frac{2}{5}$のAと
白石の濃度$\frac{4}{9}$のBをまぜて，
白石の濃度$\frac{7}{16}$になるわけだから，

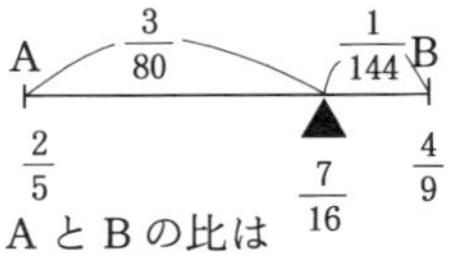

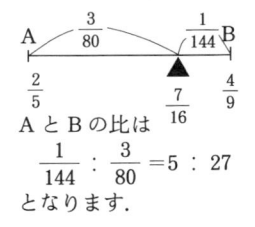

A
3/80
1/144
B
2/5
7/16
4/9

AとBの比は
$\frac{1}{144}:\frac{3}{80}=5:27$
となります.

問題 3

一郎君は白と黒の碁石（ごいし）を，あわせて 300 個ちょっとくらいもっています．白石と黒石の個数の比は 7：9 です.
いま，一郎君は全部の碁石を A グループと B グループとに分けてみました．すると，A グループの中の白と黒の比は 2：3，B グループの中の白と黒の比は 4：5 であったといいます.
一郎君がもっている碁石の数はいくつであると考えられますか.

二郎　どこから手をつけていいかわからないけれど，とりあえず線分図をかいてみようか．A グループの白と黒を②と③，B グループの白と黒を[4]と[5]とすると，

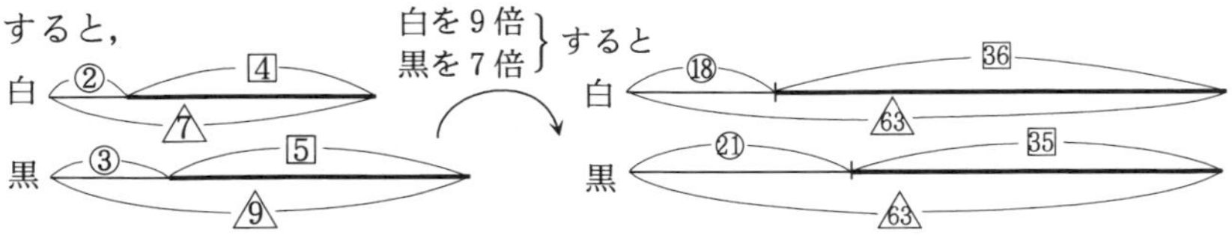

白
②
[4]
△7
黒
③
[5]
△9
白を 9 倍
黒を 7 倍
すると
白
⑱
[36]
△63
黒
㉑
[35]
△63

（線分図を何倍かするときに，文字通り線分の長さを 9 倍や 7 倍にする必要はありません）

白を 9 倍，黒を 7 倍すると…
あ，わかった．上の図で③（㉑と⑱の差）が，[1]（[36]と[35]の差）にあたる.
（次の図をかく）

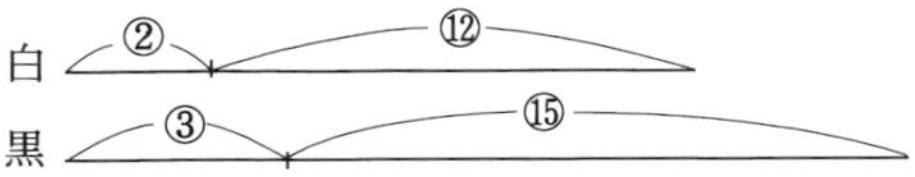

白
②
⑫
黒
③
⑮

こういうふうに，A グループとBグループの数の比は，
(2+3)：(12+15)=5：27　あわせて，32 というのが 1 つの単位だから，
32 の倍数で 300 ちょっとの数をさがして，**320 個**が答えなんだ.

■

	黒	白	計
A	2	3	5
B	12	15	27
計	14	18	32

これがワンセット

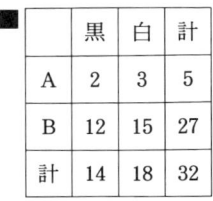

3日目

父 いよいよ「比」についての学習も大づめだ．問題をやってはそのポイントについて解説していくことにしよう．今日とあしたは，速さの問題を扱うからがんばって解いてごらん．

> **問題1**
> 東西に一直線にのびた線路があり，一定の間隔で電車が走っている．いま，東から西へ線路と平行にそった道路を歩くA君は，前からくる電車に6台出会い，後ろからくる5台の電車に追いこされるペースで歩きつづけた．A君の速さと電車の速さの比を求めよ．

■追いかけ算と出会い算をミックスした問題です．
　電車の速さを⑲
　歩きの速さを㊊
とすると，
　⑲＋㊊ と ⑲－㊊ の比が 6：5 になっていることが，ぴんとくるかどうか．
　このことがわかっていれば，
　(6−5)：(6+5)
　　　＝1：11
とあっさりでますね．

父 もちろん，電車の長さは無視できるとする．また東から西へ向う電車も，西から東へ向う電車も，等間隔で，同じスピードだとしよう．

二郎 前からくる電車に⑤分ごとに出会ったとすると，後ろからくる電車には⑥分ごとに追いこされたということだね．（下図をかく）．

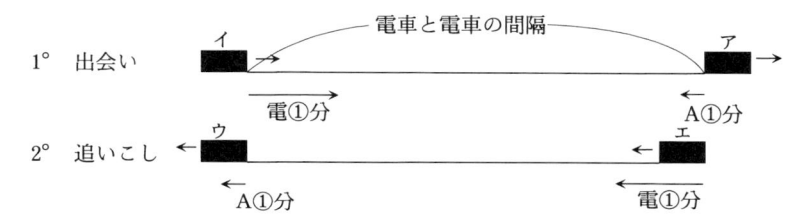

1° 出会い

2° 追いこし

1°の場合　①分で，Aと電車の距離は，
　　(Aが①分で歩く距離)＋(電車が①分で走る距離)
だけ縮まることになる．これが5セット（⑤分）で，電車と電車の間隔分になるわけだから，
　　(Aが①分で歩く距離)＋(電車が①分で走る距離)
　　　　　は，$\boxed{\text{電車と電車の間隔の}\frac{1}{5}}$

2°の場合　①分で，Aと電車エの距離は，
　　(電車が①分で走る距離)−(Aが①分で歩く距離)
だけ，縮まっていく．これが6セット（⑥分）で，電車と電車の間隔分になるわけだから．
　　(電車が①分で走る距離)−(Aが①分で歩く距離)
　　　　　は $\boxed{\text{電車と電車の間隔の}\frac{1}{6}}$

なんだ，あとは和差算じゃないか．(Aが①分で歩く距離)を A，(電車が①分に走る距離)を D とおくと，

$$\left.\begin{array}{l} D+A=\boxed{\dfrac{1}{5}} \\ D-A=\boxed{\dfrac{1}{6}} \end{array}\right\} \text{より和差算で}$$

$$D=\left(\frac{1}{5}+\frac{1}{6}\right)\div 2=\boxed{\frac{11}{60}}$$

$$A=\left(\frac{1}{5}-\frac{1}{6}\right)\div 2=\boxed{\frac{1}{60}}$$

よって，**1：11**

⇨A君とB君が池のまわりをまわっています．同じ向きにまわると，6分ごとにA君はB君を追いこし，逆向きにまわると5分ごとに出会います．A君とB君の速さの比を求めなさい．という問題と，全く同じ構造です．

父　何だか，おまえはこの頃ずい分できるようになってきたな．では次の問題はどうだ．

問題2

右図のような池のまわりを，AとBは左まわりに，Cは右まわりに，各人がそれぞれ一定の速さで，同時に同地点からまわりはじめた．

CはAと5分後に出会い，その2分後にBに出会った．

では，AがBをはじめて1周追いこすのは，出発してから何分後か．

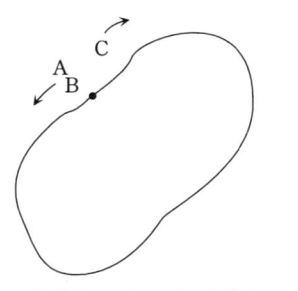

■AがBを1周ぬかすのは，

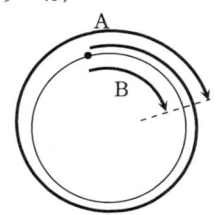

図のように，Aの走った距離がBの走った距離より1周分多いときです．

二郎　これは簡単だよ．A，B，Cがそれぞれ1分で進む距離を，A，B，C，池1周の長さを①とすると，

$$C+A=\left(\frac{1}{5}\right)$$

$$C+B=\left(\frac{1}{5+2}\right)=\left(\frac{1}{7}\right)$$

上と下とくらべると，AとBの違いは，

$$\left(\frac{1}{5}\right)-\left(\frac{1}{7}\right)=\left(\frac{2}{35}\right) だ．$$

つまり，AはBより，1分間に池の$\left(\frac{2}{35}\right)$だけ余計に進んだ．この$\left(\frac{2}{35}\right)$がつもりつもって①（池1周分）になったとき，AはBより1周先にいる，つまり追いこすわけだから，それまでの時間は

$$① \div \left(\frac{2}{35}\right) = \mathbf{17.5(分)}$$

父　何だかすぐに解かれてしまうな．では今日の最後の問題といこう．

問題3

A，B，Cの3人がそれぞれ午前7時，8時，9時に同じ地点から出発して同じ方向に進んだところ，Cは午前11時にAに追いつき，さらに正午にBに追いつきました．BがAに追いついた時刻を求めなさい．

■「追いつく」ということは，「同じ距離を進んだ」ということです．

距離が一定であるとき，速さの比は，かかった時間の逆比です．
（速ければ速いほど，時間はかからない）

■AとBの速さの比が2：3なので，線分図のAとBの時間の比は逆比の，3：2になっています．

二郎　CがAに追いつくまでに，Cは2時間，Aは4時間進んでいるよね．このときまでに進んだ距離は同じだから，CとAの速さの比は4：2＝2：1

同じように，Cは3時間でBに追いつき，Bはそれまでに4時間進んでいるから，CとBの速さの比は，4：3だ．

比をあわせると，A：B：C＝2：3：4

よって右図のようになるけど①が1時間にあたるのだから
? 時は，7＋3＝**10時**

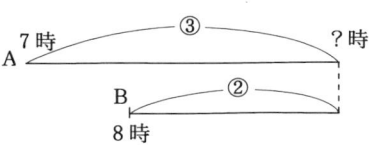

4日目

父　おまえは，速さの問題が得意なようで，たいがいの問題はすぐ解かれてしまう．今日は，少し難しめの問題をまぜて，テストをしてみよう．

二郎　わー，久しぶりにテストか．緊張しちゃうなあ．で，お父さんは，またどこかに行っちゃうの？

父　いや，今日はおまえがどう解くのか，じーっと眺めていることにする．ではテスト問題だが………

■3問のうち，②が難しいでしょう．何年か前の学力コンテストの問題です．
①をやる前にちょっと次の問題をためしてみて下さい．
「2地点ア，イがある．A，Bそれぞれ，ア，イを同時に出発し，Aはア→イ→アの順に，Bはイ→ア→イの順に往復した．二人が出発したのが午前10時，2度目に会ったのが正午だとすると，1度目に会ったのはいつか」答は，10時40分です．11時と答えた人は注意！

テスト　（30分）

① 2地点アとイの間を，Pはアから，Qはイから同時に出発して，それぞれ一定の速度で一往復する．Pが行きにQと出会った地点ウと，Pが帰りにQと出会った地点エはアイ間の距離の半分だけ離れていた．PとQの速さの比を求めよ．ただしPはQより速い．

② P君はA地からB地へ，Q君はB地からA地へ，それぞれ一定の速さで同時に出発する予定でしたが，P君の出発が予定より10分遅れたため，2人の出会う時刻は予定より6分遅れました．
　P君とQ君の速さの比を求めなさい．

③ P君とQ君とR君の3人がA地からB地まで行くのに，自転車が一台しかなかったので，P君とQ君は自転車の2人乗りで，R君は歩いて行きました．さて，P君は途中4分の3まで来たところで，Q君をおろして歩かせ，自分は自転車でR君をつれにひきかえし，途中でR君を自転車にのせて，またB地に向いました．すると，全員同じ時刻にB地に着きました．自転車の速さと歩く速さはいつも一定として，自転車の速さと歩く速さの比を求めなさい．

二郎　（しばらくノートに何やら書きこんでいる．やがて）
格好いいとこ見せたかったけど，だめだ．①と③は何とかなったけど．

父　おまえのノートを見ると距離についての線分図をかく問題には強いみたいだな．
①の説明をしてみなさい．

二郎　アイ間の距離を①とするんだ．また，はじめて出会うまでにPが進んだ距離を，'半分+○' としてある．
PはQよりはやいからね．はじめてPとQが出会うまでには2人あわせて①の距離を進んでいる．

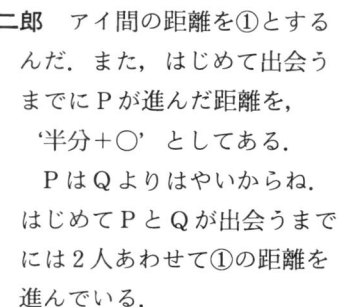

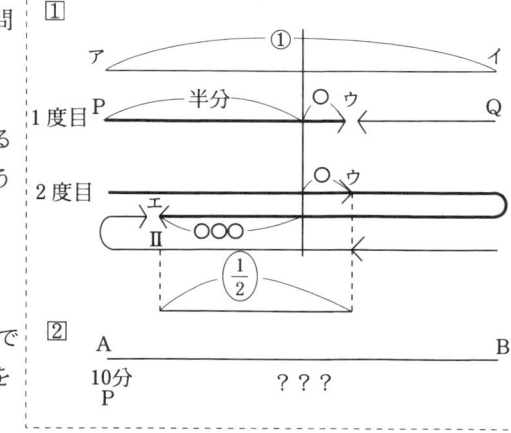

二郎のノート

① アイ間、1度目はP〜ウ〜Q（半分+○），2度目はエの位置（1/2）
② A〜B，10分P，???

2回目の出会いまでには，2人あわせて③の距離を進むことになるのでしょう．Pに注目すると，Pは2回目の出会いまでに，'半分+○'の3倍で，
'半分+半分+半分+○○○'
だけ進むことになるよね．

このことが図に描きこんであるんだ．

結局，図から，ウエ間の距離は○○○○で，これが全体の半分．

だから，○1個は全体の $\frac{1}{8}$

すると，Pが $\frac{5}{8}$ 進む間にQは $\frac{3}{8}$ 進むのだから，**P：Q＝5：3**だ．

父 ②は時間についての条件ばかりだから，うまく線分図がかけなかったようだな．こういうときは，時間と距離を一ぺんにあらわす'ダイヤグラム'という図を使うとよい．（右図をかく）．

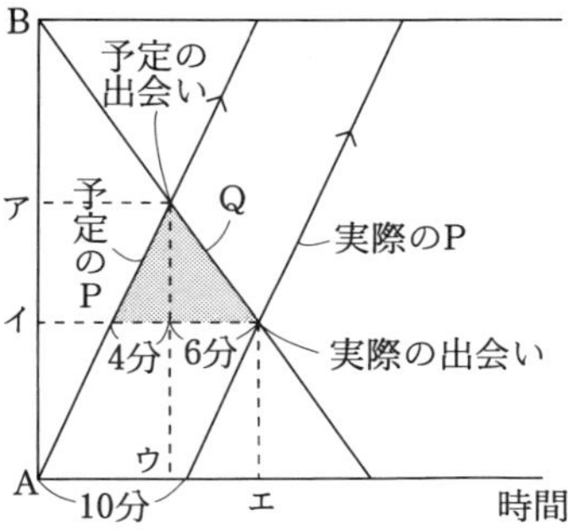

この図は横軸に時間を，たて軸に位置をとってある．

アは出会う予定だった場所，イは実際に出会った場所，ウは出会う予定だった時刻，エは実際に出会った時刻をあらわす．

すると，図からわかるように，

アイ間の距離を，Pは4分で進み，Qは6分で進むことになる．

だからPとQの速さの比は，時間の逆比で，6：4＝**3：2**だ．

二郎 ふーん，時間の条件がごちゃごちゃしているときは，便利そうだなあ．

父 またダイヤグラムについては機会があったらじっくりやろう．それで③はどうだい．

二郎 これは線分図で処理できるよ．全員同時に着いたってことは，

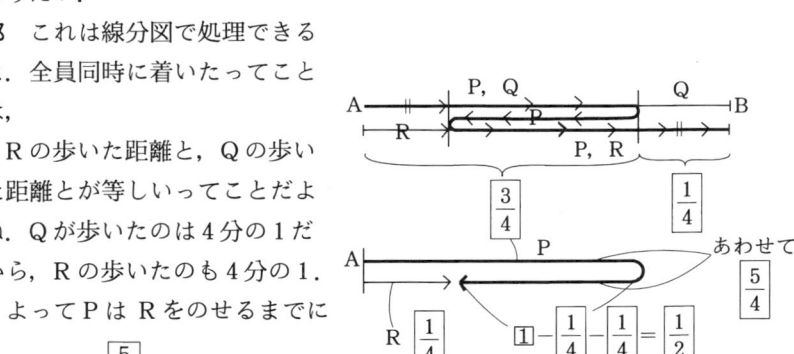

Rの歩いた距離と，Qの歩いた距離とが等しいってことだよね．Qが歩いたのは4分の1だから，Rの歩いたのも4分の1．

よってPはRをのせるまでに図のように $\boxed{\frac{5}{4}}$ の距離を進み，同じ時間にRは $\boxed{\frac{1}{4}}$ の距離を進んでいる．だから，自転車：歩き＝$\boxed{\frac{5}{4}}$：$\boxed{\frac{1}{4}}$＝**5：1**だね．

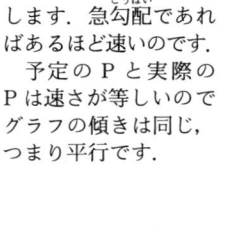

■PやQのグラフの傾きは，速さをあらわします．急勾配であればあるほど速いのです．
予定のPと実際のPは速さが等しいのでグラフの傾きは同じ，つまり平行です．

■歩いた距離が同じで自転車で走った距離が同じなら，同時に着くはずですね．

5日目

父 幻燈というものを知ってるかな？

二郎 ゲントウ？

父 ほら、部屋を暗くしておいて、豆電球かろうそくを光として利用する．
図のように、指でキツネか何かの格好をつくっておいて、豆電球の前におくと、スクリーンに大きなキツネがうつるって、あれさ．

二郎 ああ、あの子供の頃やったあれかあ．

父 子供の頃？　いや、まあ、それはそれとして実は、あれは相似拡大なんだ．

二郎 確かに、形が同じまんま、拡大されて、壁やスクリーンの布にうつるもんね．
でも、拡大の割合はどのくらいなんだろう．

父 よいところに目をつけたね．
右の図を見てごらん．うつす物体がスクリーンと平行な平面（図の＊）におかれているとしよう．

光（点P）と＊との距離は a、＊とスクリーンの距離は b、Pとスクリーンの距離は c（これは $a+b$ だ）とする．

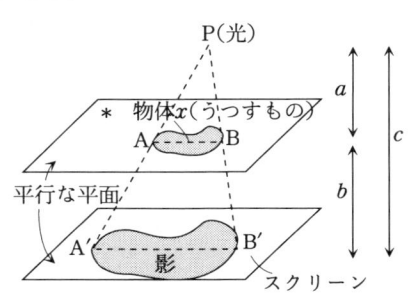

では、物体 x は、どのくらいに拡大すれば影になって、スクリーンにうつるだろう．

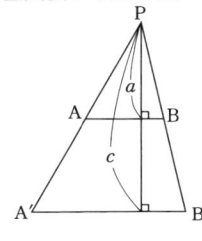

■真横から見ると、

二郎 ABの長さが拡大されてA′B′になってるわけか．
三角形PABと△PA′B′が相似なんだね．
じゃあ、PBの長さとPB′の長さをくらべればいいから $\dfrac{c}{a}$ 倍だ．

父 よくできた．つまり、拡大率は、光とスクリーンの距離によるわけだ．では一つ問題を出してみようか．

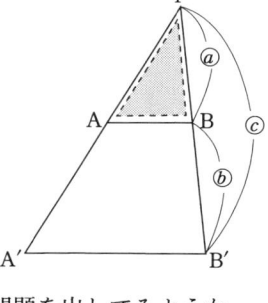

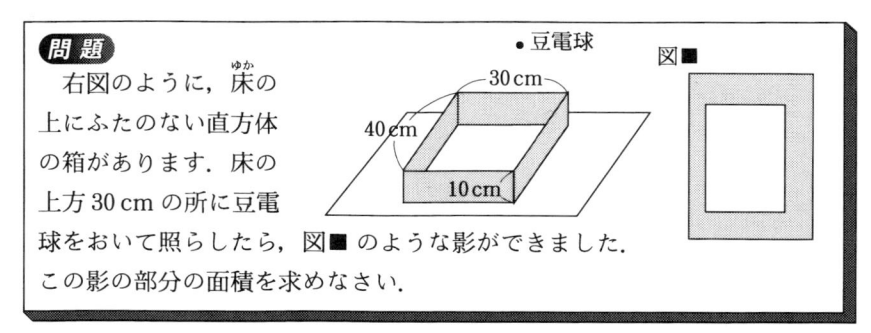

問題
右図のように、床の上にふたのない直方体の箱があります．床の上方30cmの所に豆電球をおいて照らしたら、図■のような影ができました．この影の部分の面積を求めなさい．

■箱の上面'長方形'の部分の影と，底面とのあいだにはさまれた部分が「側面の影」です．

二郎 豆電球の高さはわかっているけど，位置はわかっていないんだね．

うーん，位置が決まらないでも大丈夫なのかなあ．（しばらく考えこむ）

あ，わかったぞ．A′B′C′D′の位置は決まらないけど，大きさは決まるんだ．

だって，ふたの部分があるとすれば，その影がA′B′C′D′のはずでしょう．

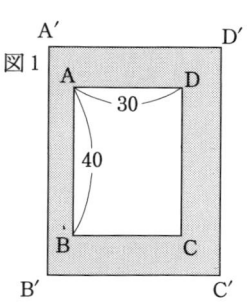

これは，さっきの例（前ページ）で，$a=30-10=20$, $c=30$ の場合だから，A′B′C′D′は，ABCDを20分の30倍，つまり1.5倍に相似拡大したものなんだ．

A′D′$=30\times1.5=45$,　A′B′$=40\times1.5=60$　だから，影の面積は

$$\boxed{}A'B'C'D'-\boxed{}ABCD=45\times60-40\times30=\mathbf{1500(cm^2)}$$

図1

父 その通りだ．ところで，真上から見たときに，豆電球Pの位置は，図1のどこいら辺にあるのかわかるかな

二郎 うーん，PAA′は光の道筋だから一直線に見えるはずでしょう．じゃあ，真上から見てもこの3点は一直線のはずだ．（直線A′Aをひっぱる）同じようにして………（直線B′B，C′C，D′Dをひっぱると，見事に1点で重なっている）

そうか．**Pは，真上から見たときも，相似拡大の中心になっているんだ！**

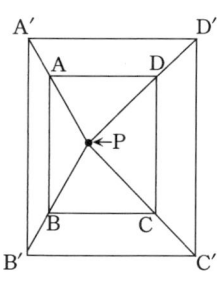

父 そこが一番大切なところなんだ．

このタイプ，つまり点光源の問題では，まず，何倍の相似拡大なんだろう．という興味があるわけなんだけど，それがわかったら，あとは平面の問題におき直して考えた方がいいんだ．

手順としては，

1° まず $\dfrac{c}{a}$ にあたるもの（拡大率），を考える．

2° 真上から見た図で平面の相似拡大問題におき直す．

ということだね

一般に，空間の問題では，空間のままでは考えにくいので，何とか平面に直して考えると，わかりやすいわけなんだ．

では，明日までの宿題を出すからやってみなさい．

円柱の影はどうなるんだろう．

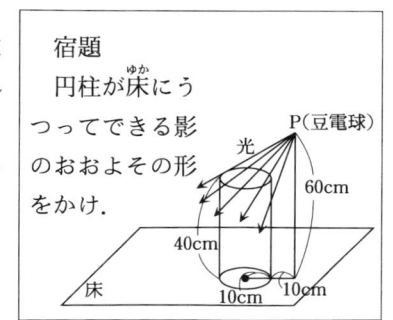

宿題
円柱が床にうつってできる影のおおよその形をかけ．

6日目

二郎 （ノートに右のような図をかいて現れる）やってみたら，意外にあっさりとできたよ．

父 どうやったんだ．

二郎 手順通りさ．円柱の上面は，床からの距離が40cmの平面にのっているんでしょう．

豆電球は床からの距離が60cmさ．

だからaにあたるものが$60-40=20$

cにあたるものが60

よって，$\dfrac{c}{a}=\dfrac{60}{20}=3$ だから，3倍の相似拡大さ．

そこで上から見た図を考える．

Pと円柱の底面は，図1のようになっている．

あとはPを中心に，円を3倍に拡大すればいい．

PA=10cmだから，Aは拡大されて，Pからの距離が，30cmの点A'にうつる．A'はBと重なるよね．

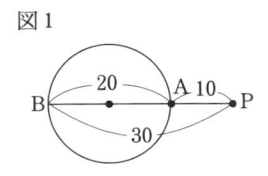

PB=30cmだから，Bは，Pからの距離が（30×3=）90cmの点B'にうつる．A'B'を直径とする円をかいて，影となる部分を塗りつぶしたものがノートの図さ．

父 もう基本的なことはわかったようだな．それでは2題ほど，問題演習をすることにしようか．

■もちろん'点'が拡大されるわけではありません．Pからの'距離'が拡大されるのです．

■問題1は，手をかえ，品をかえ，よく出題される問題です．
「影の先端の速さ」に注意しましょう．
これは，実際の速さの何倍でしょう．

問題1

高さ3mの街灯の真下に，身長180cmのお父さんと，身長150cmのA君が立っている．いま，A君が分速80mで出発してから10秒後に，お父さんはA君と同方向に出発した．お父さんの分速が□m以下ならお父さんの影の先端はA君の影の先端に追いつくことはない．

問題2

直径が30cmのボールが床の上にある．その中心の真上で床から40cmのところから光をあてるとき，床にできたボールの影の面積を求めなさい．

ただし，三辺の比が3：4：5の三角形は直角三角形です．また円周率は3.14とします．

（久留米大附設）

二郎 （問題1を読んで）お父さんの影の先端は頭の先端だな．お父さんの頭は1つの平面上にはないし………

父 おいおい，何考えているんだ．さっさと解きなさい．

二郎 （略図をかいて考えこんでいると，父が右図の平面A，平面Bをかき加える．）

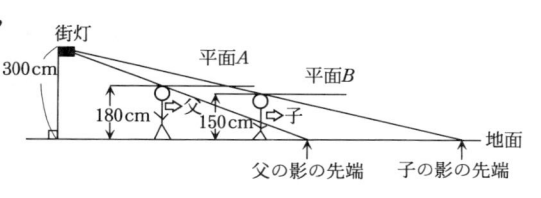

そうかあ，頭の先端だけ考えていればいいんだ．

子供の頭の先端は，地上150 cmの平面Bの上にのっている．平面B上のものは，すべて$\frac{300}{300-150}=2$倍 に相似拡大されて影となる．

だから，子供の影の先端の速さは，子供の実際の速さの2倍で，分速160 m，父の影の先端の速さは，父親の実際の速さの$\frac{300}{300-180}=2.5$倍

まてよ，父の影の先端の速さが，子の影の先端の速さより速かったら，いつかは追いつかれてしまうな．

じゃあ，父親の実際の速さの2.5倍が分速160 m以下ならいいんだ．

つまり，毎分，$160÷2.5=$ **64(m以下)**

なんだあ，10秒後なんて全然つかわないじゃないか．

■10秒はやくても3秒はやくても，父より先に出発しさえすれば同じことです．

⇨影の問題は相当に複雑なものも出ますが，あまりに複雑なものは単なる枝葉末節にすぎず，勉強にはかえって有害です．典型題をきっちりマスターしておけば，あまり複雑なものに取りくむ必要のない分野です．

父 問題2の方は実際の中学入試問題なんだが，ちょっと反則気味の出題だから，お父さんが解説しよう．

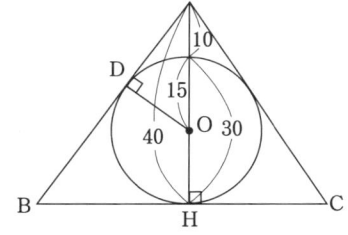

これは，今までのように，平面と平面の距離方式では解けない．球は1つの平面にはのっていないからね．

そこで，横から見た図をかいてみると右図のようだ．

ここで出題側はちょっと反則をしている．ABはDで円に接しているのだけれど，ABという接線が半径ODと垂直になるということは小学生ではやらない．（中学の範囲だ）

でも，直観的にこのことがわかったら，

三角形AODと三角形ABHが共に三辺の比が5：4：3の直角三角形であることからBH$=40×\frac{3}{4}=30$(cm) と出る．

このBHが影となる円の半径にあたるので，影の面積は
$$30×30×3.14=\textbf{2826}(\textbf{cm}^2)$$

真横から見た図をかくことがポイントだったわけだ．

二郎 一つの平面のものをうつす以外は，結構面倒臭いんだね．このあいだ，父さんが寝てるとき，懐中電灯をつけたら，壁に父さんの影ができたんだ．でも相似拡大になってなかったから，不気味だった．考えてみりゃ，父さんの体は1つの平面の上にのってはいないから自然といえば自然だけどね．

ステージ6

モデルと実験

算数の基本は，いきなり抽象的な世界で公式をおぼえることではありません．父親は二郎に，「実験」を手作業でさせながら，だんだんとその背後にあるきまりを自力で発見させようと試みます．まんまとその手にのった二郎は，だんだんと算数が不思議なものに思えてきます．

1日目

■まずは挑戦してみましょう．1，2とも，制限時間3分．あわせて6分で解いて下さい．(自信のある人は暗算で解いてください．)

問題1
池のまわりに桜の木を植えるのに，6mおきに植えたところ用意していた木が20本あまったので，4mおきに植え直したところ，逆に40本不足した．池の周囲の長さを求めよ．

問題2
学校に行くのに7時50分に家を出て，時速4kmで行けば，始業時刻の4分前に着くはずだった．ところが家を出るのが8時10分になってしまったので，時速6kmの速足で歩いたが，始業時刻に4分遅れてしまった．家から学校までの道のりを求めよ．

父から，上の2つの問題を'暗算で'解けと言われた二郎は，ちょっと悩んでいる．そこへ兄一郎が入ってくる．

一郎 （肩ごしに問題をのぞき込んで）ふーん，その問題を暗算で解けって言うのかい．（腕をくんで考える．しばらくして）
うん，1番は720mで，2番は2.4kmだ．じゃあ，頑張ってな．
（いってしまおうとする．）

二郎 ねえ，待ってよ．答えだけ呟いて行ってしまおうなんてずるいよ．どうしてそんな簡単に問題が解けるの？

一郎 それはオレの頭がいいからさ…と言いたいところなんだが，実はこっちも一年前に父さんから，やり方を教わっているのさ．
モデルをつくるんだよ．

二郎 モデル！？

■12mの12というのは6と4の最小公倍数です．

一郎 そう，モデルさ．これから兄さんのいうことに答えてみな．1番で，もしも池のまわりが12mだったら，必要な木の本数はそれぞれ何本だい．

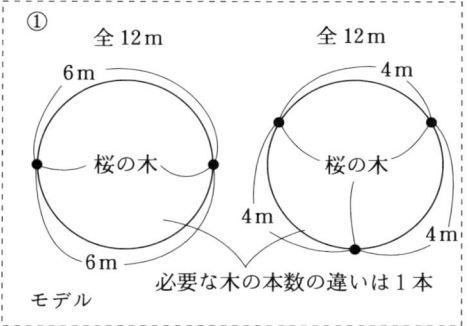

⇨ 差集め算というのはモデルをつくって、拡大したり縮小したりという操作をするといいのです。

　機械的に1あたりの量の差を考えるという方式は、あまり有益とは思えません。

　ただし、過不足がかなりからんでいるようなときは、数値を調整するのが面倒なので、1あたりの差を考えることになります。

二郎　（右の図のような図を頭の中に思い浮かべる。）
　　　ええと、ええと……………
　　　2本と3本だ。

一郎　必要な本数の違いは1本だね。
　　　これが父さんの言うモデルさ。池のまわりの長さを12mと具体的に決めつけてしまう。
　　　答えは12mのわけないんだけどね。それで、モデルをつくってしまう。
　　　じゃあ、このモデルを2倍にして、池の全長を24mとすれば…

二郎　（右の図を頭に思い浮かべる。）同じことさ。 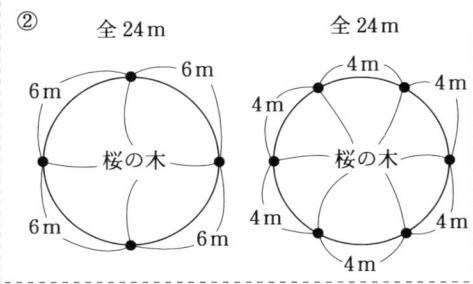
　　　24÷6＝4
　　　24÷4＝6
　　　で、4本と6本だ。差は2本。

一郎　木の本数については、モデルの2倍になっているだろ。
　　　これは、何倍にしてもいいモデルなんだ。
　　　ところで問題をよく見てみな。6mおきに植木を植える場合と4mおきに植木を植える場合とでは、必要な植木の本数には何本の差がある？

二郎　20本余るのと40本不足するのとの違いだから、差は60本、
　　　そうか、①のモデルを60倍に拡大すればいいわけだあ。
　　　何だ。池のまわりの長さは、12×60＝**720(m)** これなら暗算できる！

父　　（今までのやりとりをじっと黙って聞いていたが…）
　　　さて、それでは2番はもうできるだろう。

⇨ 2番のような '時間差' の問題は、入試では頻出です。

二郎　わかったよ。自力でやれっていうんでしょう。モデルをつくればいいんだ。
　　　えーと。家から学校までの道のりを、勝手に12kmと決めつけてモデルをつくる。

　　　時速6kmの場合は2時間　　かかるから、差は1時間（＝60分）
　　　時速4kmの場合は3時間

　　　まてよ、実際には、時速6kmでいくのと時速4kmで行く場合との差は何分なんだろう。20分遅れて家を出て、最終的には8分遅れたんだから、さしひき12分か。
　　　モデルでは60分の差が実際には12分なのだから、モデルを $\frac{1}{5}$ 倍すれば実際になる。家から学校までの道のりは、$12 \times \frac{1}{5} =$ **2.4(km)** だ。

2日目

父　昨日，モデルをつくると問題が暗算でも解けてしまうような問題の話をした．今日もまず，そんな問題を2題解くことからはじめよう．
　　どんどん解いてみてごらん．

■制限時間を5分として考えてみましょう．

> **問題1**
> 　ある学校では一年生全員をスキー教室につれていくことになりました．指導者の人数が予定より5人増えると，生徒12人に対して指導者が1人つき，予定より3人少ないと生徒20人に対して1人になります．予定していた指導者は□人です．　（91 青山）

（二郎はあれこれモデルをつくろうとするが「指導者の人数」に注意が集中しているためにうまくいかない．）

父　生徒の人数を主役にして考えてみてごらん．何を主役にするか考えることも大切なことなんだよ．

二郎　生徒の人数？（少し考える）
　　まあやってみよう．生徒の人数を60人としてモデルをつくってみるか．このとき
　　　生徒12人に指導者1人 ⇨ 指導者は5人
　　　生徒20人に指導者1人 ⇨ 指導者は3人
　　だから，指導者の人数の差は2人だ．

■60人というのは，12と20の最小公倍数です．

　　生徒60人のモデルで，指導者の差は2人…
　　あっ，わかったぞ．
　　実際の指導者は，① 生徒12人に指導者1人のとき ⇨ 予定＋5人
　　　　　　　　　② 生徒20人に指導者1人のとき ⇨ 予定－3人
　だから，①と②の差は，5＋3＝8（人）だ．
　　つまり，モデルの4倍になっているのだから，生徒の数は，
$$60 \times 4 = 240（人）$$
　　予定していた指導者の数は，240÷12－5＝**15**（人）だ．

父　その通り．昨日とあわせて3題ほど，いわゆる「差集め算」という問題をやってきたわけだけど，お父さんは「差集め算」という考え方にこだわるのはあまりよくないと思う．
　　大切なのは，具体例を考えてモデルをつくり，そのモデルの構造についてよく考えることなんだ．
　　まず，具体的に数値をきめて，こんなモデルなんだと納得すること!!
　　実は，仕事算と呼ばれているタイプの問題も，同じように解ける．次の問題をやってみてごらん．

> **問題2**
> 　水槽に3つの水道管A，B，Cがついています．AとBを用いて水をいっぱいにするには30分，BとCを用いて水をいっぱいにするには25分かかり，Cを40分とAを70分用いても水はいっぱいになります．
> 　AとCを同時に用いて水をいっぱいにするには何分間かかるでしょうか．

二郎　ええと，こういう問題はよくお目にかかるな．

■分数のままでも解けますが，考えにくいですね．

AとBが1分に入れる量………全体の $\frac{1}{30}$

BとCが1分に入れる量………全体の $\frac{1}{25}$

うーん，このあとどうするんだろう………

父 仕事算は全体の仕事量を①とおくから，とかく分数になって，わけがわからなくなる．せっかく'モデル'ということをやったのだから，全体を⑮⓪としてみようじゃないか．

二郎 全体の仕事量が⑮⓪なら　A＋B＝⑮⓪÷30＝⑤　　
　　　　　　　　　　　　　B＋C＝⑮⓪÷25＝⑥ 　　　だよ．

すると，上と下をくらべてみれば，1分間に，CはAより①多いな．

だから，C 40分は，A 40分と㊵にあたるんだ．

つまり………C 40分＋A 70分は，A 110分＋㊵で，これが⑮⓪

よって，A 1分は①，すると，B 1分は⑤－①＝④，C 1分は⑥－④＝②

A 1分とC 1分の和は①＋②＝③　だから，

AとCを同時に使ったときには，⑮⓪÷③＝**50(分)** かかるわけだ．

父 仕事算というと①とおいて分数を考えるというのは，何とかのひとつおぼえということがよくわかったろう．

①じゃなくて，⑮⓪とおけば，ずっと見通しが楽だったわけさ．

問題3

船で45km離れた2地点間を往復するのに，上りは9時間，下りは5時間かかりました．しばらくして流れのはやさが2倍になってから，前とは異なるAB両地点を往復したところ，10時間かかりました．AB両地点間の距離を求めなさい．

二郎 上りの時速は，45÷9＝5(km)

下りの時速は，45÷5＝9(km)

静水中の時速は，5と9の平均で7km，流速は，2km

ここまではワンパターンだ．すぐに出るよ．

問題はこれからだな．

流速が倍になって4kmだから，今度は

上りの時速………7－4＝3(km)

下りの時速………7＋4＝11(km)

まてよ．わかった．33kmはなれた2地点間でモデルをつくればいいんだ．

この時，往復の時間は，33÷3＋33÷11＝14（時間）

よって，このモデルを $\frac{10}{14}$ 倍すれば，答えは，$33 \times \frac{10}{14} = \frac{165}{7} = \mathbf{23\frac{4}{7}}$ **(km)**

3日目

父 今，モデルをつくることの大切さについて学んでいるわけだが，モデルをつくることは，なぜ大切なことなんだかおまえにはわかるかな．

二郎 難しい質問だね．でも，今は何となくわかるような気もするよ．

小さい頃，プラモデルを作ったんだ．飛行機って，実際に飛行場まで行って見たり乗ったりしても，大きすぎてイマイチ構造がわからないじゃない．そういうときプラモデルを作ってみると，ああ，ここのところはこうなっていたのかなんて，わかったような気がしたもんさ．

父 そう，大きいものを相手にするのに，一ぺんではわからないときは，まず小さなモデルを作って，そのモデルを研究してみる．そうしてモデルが理解できたら，大きなものに立ち向かっていくんだ．

では，モデル作りのケースとしては最も原始的な，次の問題をやってごらん．

■結構大変かもしれません．でも，上級者には，暗算でも解ける解法があります．（これは右ページに.）

問題1

整数 1, 2, 3, 4, 5, ………… がある．この中から2の倍数をとりのぞき，次に3の倍数をとりのぞき，さらに5の倍数をとりのぞくと，新しい数の列，1, 7, 11, 13, 17, 19, ………… ができる．

この数の列について，はじめから1600個すべてたすといくつか．

二郎 前にやった考え方（p.24）と似てるな．2の倍数は2つごとにくりかえす．3の倍数は3つごとにくりかえす．5の倍数は5つごとにくりかえす．

だから，整数全体は2と3と5の最小公倍数の30ごとにくりかえすんだ．

そこで，1から30までの数を調べてみる．この1～30の数が1つのモデルかな．

父 そう，1つのモデルがどこまでもくりかえす場合，その1つのモデルのことを1周期と呼んでいる．

では1周期を調べてごらん．

二郎 （下の図をかく．2の倍数に×，3の倍数に△，5の倍数に□の印をつける．父が左はしに0をかきたす．）

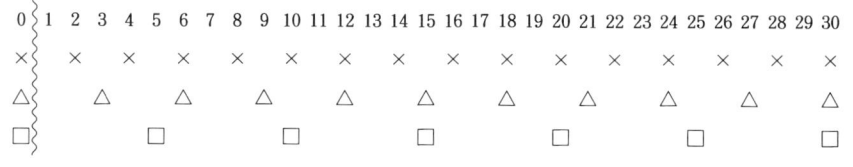

```
0  1  2  3  4  5  6  7  8  9 10 11 12 13 14 15 16 17 18 19 20 21 22 23 24 25 26 27 28 29 30
      ×     ×     ×     ×     ×     ×     ×     ×     ×     ×     ×     ×     ×     ×     ×
      △        △        △        △        △        △        △        △        △        △
   □           □           □           □           □           □           □
```

残ったものをかきならべると，

　　1, 7, 11, 13, 17, 19, 23, 29

の8個だ．全部たすと，1+7+11+13+17+19+23+29＝120

31～60までには，30+1, 30+7, 30+11, ……, 30+29

つまり，31, 37, 41, ……, 59 の8個の数があって，全部たすと

　　　30×8+120＝360

■ 120×200
  $+240 \times (1+2+\cdots$
  $+199)$
= 24000
  $+240 \times 19900$
= 4800000
でも答えが出ます．

⇨ 負の余りというものを考えると，倍数の構造が対称的であることはもっとよくわかるでしょう．（でも負の概念は中学範囲）

面倒臭いなあ．全部で $1600 \div 8 = 200$ 周期もあるよ．
$$120+(30 \times 8+120)+(60 \times 8+120)+\cdots\cdots$$
って200個たせばいいけど，これじゃとってもやりきれない．どうしてくれんの．

父 せっかく0をかき加えたのに，気がつかんか．おまえはせっかくモデルをつくったのに，そのモデルに対する研究がたりない．

二郎 え？ 父さんが書き加えた0に何か意味があんの？

父 さっきの表をよーく見なさい．0を書き加えることによって，左右対称な図柄が出現したろう．

二郎 ？？？!!
0からはじめて右に印をつけていっても，30からはじめて左に印をつけていっても同じってことか．

父 だから，1，7，11，13，17，19，23，29

も，真中の15について左右対称で，⌣でくっつけた2数の和はすべて30．だから，$1+7+\cdots+23+29 = 30 \times 4 = 120$ なのだ．

二郎 でも，1600個たすときはどうすればいいのさ．

父 途中をぬかして書き並べてごらん．

二郎 （しぶしぶ）
ええと，$1600 \div 8$で200周期あるんだ．1周期は30だから，最後は30×200で6000まで調べればいい．つまり……（大分省略する）
   1，7，11，13，…………………，5999

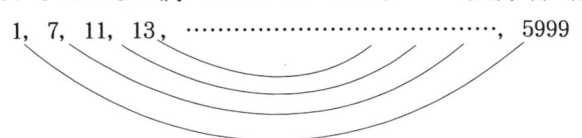

（父が上の⌣をかき加えたのを見て）
まさか，まさか，⌣の和はみんな同じ6000!?

父 その通りなんだ．だって，0も書き加えて，6000までの数を全てかきならべれば，左から見ても右から見ても同じ模様になるはずだから．

二郎 すると，1600個の数を2個ずつの組800組に分けると，それぞれの組の数の和は6000ということか．
  じゃあ，全部たすと，$6000 \times 800 = \mathbf{4800000}$
ほとんど暗算でもできるんだね．

父 算数って科目は，モデルをつくっては，そのモデルの構造をあれこれ研究していく学問なんだ．
  今の問題のモデルをつくると，そのモデルは左から見ても右から見ても同じ，（つまり左右対称）という構造をもっていた．
  このことを深く理解していけば，1問1問がもっとおもしろくなってくるよ．

4日目

⇨ここからしばらく，「スケールの大きな問題」や「一般性をもった問題」は，まず小さな値で実験してから考えようという話をします．
「小さい数で発見した規則性」＝「小さなモデルの構造」が，実は一般性をもっているわけです．

父　モデルをつくるという発想は，そのまま，「小さい数で実験しよう」という考え方につながる．次にあげる問題は，いずれも中学入試からとった問題だが，どちらも，小さい数でいろいろと実験させて，そこから規則性を発見するという考え方がテーマになっている．

問題1

表と裏がはっきりしたコインを何枚か一列に並べます．このうち，隣りあう2枚を同時に裏返しにする操作を何回か行って，すべて表，またはすべて裏にすることを考えます．たとえば，図1のように4枚を並べたときは，図2のように2回の操作ですべて表にできます．

図1　○×○×
図2　○×○×
　　　○○××
　　　○○○○

すべてを表にすることも，すべてを裏にすることもできないのは，どのように並べたときですか．できるだけ簡単に述べなさい．
（筑駒中，一部略）

問題2

ある店で売っているジュースは，あきびん4本につき1本の割合で新しいジュースと取りかえてくれます．飲むことのできるジュースの本数が200本以上であるためには，はじめに買う本数は最も少なくて何本としたらよいでしょうか．

■みなさんは二郎のようにすぐにはあきらめないで，コインが6枚ぐらいまでの表はつくってみてください．
　何か規則性はありますか？

二郎　ともかく，いろいろな例でためしてみればいいんだね．（ためし出す）
　コインが2枚のとき：　○○　××　は大丈夫，○×，×○はだめ
　コインが3枚のとき：　○○○　○○×　○××　×○○　×××
　　　　　　　　　　　　○×○　×○×　××○　　　　みんなよし．
　コインが4枚のとき：　………
　うう－，つかれたよー．規則なんてあるのかなあ．

父　では，○×　がなぜだめなのかを考えてみよう．

二郎　1回操作すると　×○　になる．2回操作すると，また○×　になって元に戻ってしまうんだ．

父　それでは，○○　や　××　に何回か操作をして○×にすることができるだろうか．

二郎　できっこないよ．もし，そんなことができるなら，逆をたどっていけば○×が○○や××になるはずだもの．
　そうか．
　　○○○……………○○（○だけの列）や
　　×××……………××（×だけの列）

から，何回か操作をしてつくれるかつくれないかで決まるんだ．

父 ○○………○ から何回操作しても×が奇数個の列はつくれないことはわかるかな．

二郎 ○○の部分を操作すれば××となって，×の個数が2個増える．
　　○×や×○の部分に操作をすれば，それぞれ×○，○×となって，×の個数は変わらない．
　　××の部分に操作すれば，○○となって×の個数は2個減る．

父 まとめてみよう．こういう，どこから手をつけてよいかわからない問題では，まずあれこれ実験をし，実際に手を動かしてみることが大切だった．

操作	○	×
○○→××	2減	2増
○×→×○	増減なし	増減なし
×○→○×	増減なし	増減なし
××→○○	2増	2減

　　ここでは，操作をほどこすことのできるパーツは，○○，○×，×○，××の4通りのどれかで，そのたびに×の個数は（もちろん○の個数も），変わらないか，あるいは2ずつ増えたり減ったりした．

　　では，もう一度聞くが，すべてを表にも，すべてを裏にもできないのは，どのような場合だろう．

二郎 変化は2ずつなのだから　○○………○　から出発すれば×の個数は奇数個にはならないよ．
　　また，××………×　から出発すれば○の個数は奇数個にはならないよ．
　　じゃあ，○も×も奇数個の列は，表だけにも裏だけにもできないんだ．

父 そう，それが答えだ．厳密にいえば，それ以外の場合はすべてできることを証明しなければならないんだが，それは感覚的にわかればよいだろう．
　　では問題2だが………

二郎 はじめに買う本数を1本から順に実験してみよう．（実験した結果，右のような図を書く）
ふー．実験するのも結構大変だ．

父 つくった表をよく見てごらん．どのような規則性があるだろう？

二郎 右で○をつけた 4，7，10，…，のところで飲める本数は2本増えている．そのほかは1本ずつ増えていく．あと…飲める本数に4の倍数がない．

父 1°　はじめに1本買う．飲める本数は1本
　　2°　次に3本買う．飲める本数は4本増（計5本）
　　3°　3本買いたすごとに飲める本数は4本増
のくりかえしだね．
　　飲めるジュースが200本を越えるには
200÷4＝50　より，1本買ったあと（3本買う）というセットを50回くりかえしたとき．つまり，3×50＋1＝151（本）買ったときだ．

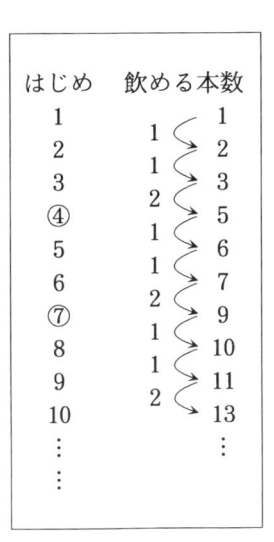

■買ったジュースを○，とりかえたジュースを●とあらわして
①②③④
❺⑥⑦⑧
❾⑩⑪⑫
❸⑭⑮⑯
⑰………
のような図をかけば，はじめに4本のむと1本もらえ，次からは3本のむごとに1本もらえるという規則性が，よりはっきりとわかるでしょう．

はじめ		飲める本数
1		1
2	1	2
3	1	3
④	2	5
5	1	6
6	1	7
⑦	2	9
8	1	10
9	1	11
10	2	13
⋮		⋮

71

5日目

父　昔から有名な問題には，それなりの意味があるものだ．まず，今日は，そうした有名問題2題をテスト形式で解いてみよう．

■どちらも有名問題です．あわせて20分は考えてみましょう．

テスト

問題1
　どの3本も1点で交わらない10本の直線があり，どの2本も平行でないとき，これら10本の直線によって，平面は何個の部分に分割されるか．

問題2
　10段の階段がある．この階段を，1段ずつのぼる普通ののぼり方と，1段ぬかしをするのぼり方の2種類ののぼり方をまぜてのぼる．（どちらか一方だけでもよい）このとき，のぼり方は全部で何通りあるか．

▷問題1で，これら10本の直線2本ずつの交点の数は，10このものから2つを選ぶ場合の数で，
$_{10}C_2 = 10 \times 9 \div 2 = 45$
となります．
　こちらの問題もよく出題されます．

二郎　わかった．小さい値で実験しろってことだね．直線の数が1本，2本，3本，………と順にためしていけばいいんだ．（下の図をかく）

直線の本数	[1本]	[2本]	[3本]	[4本]	[5本]
分けられた平面の数	2つ	4つ	7つ	11個	……

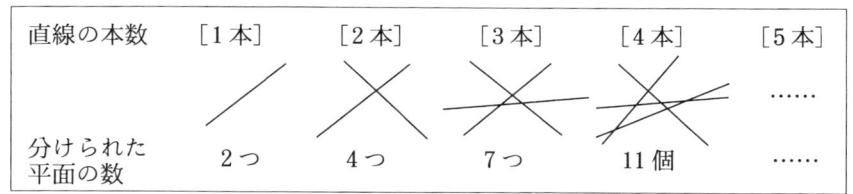

やあ，これは参った．これ以上書こうとすると，くしゃくしゃになるよー．

父　では，整理してみよう．分けられた平面の個数は，順に

　　　2, 4, 7, 11 ………

となるわけだけど，何か規則性はあるかな．

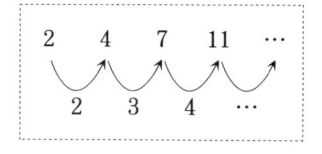

二郎　ええと………，2から4へは2増えてる．4から7へは3増えてる．7から11には4増えてる．

　　　つまり，順に，2, 3, 4と増えてる．

父　それでまちがいないんだけど，理由はわかるかな．

二郎　（しばらく考えて）線が3本ある図に，1本かき加えるとするよね．（図を書く）

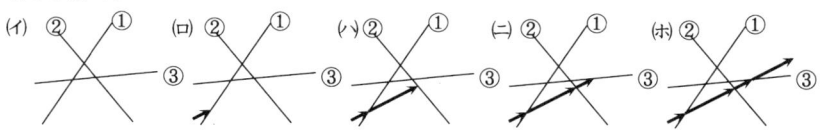

(イ)　(ロ)　(ハ)　(ニ)　(ホ)

図は (イ)→(ロ)→(ハ)→(ニ)→(ホ) の順に進化するんだ．

(ロ)で左から線をひき①の直線と交わったところで止める．すると平面が1つ増える．次に線を右へと延ばしていき，直線②と交わったところで，また止める．すると，2つめの平面が増える．更に延ばしていって，(ニ)の状態，つまり③の直線と交わらせると3つめが増える．更に延ばしていくと，もう1つ増える………

そうかあ，'4本目をひいたとき増える平面の数'は，'以前にあった直
　　線の本数3＋1'なんだ．
父　つまり，同じように考えると，5本目をひいたときは5つの，6本目をひ
　　いたときは6つの平面が増えることになる．それまでとくらべてね．
二郎　じゃあ，はじめから考えていくと，10本目をひいたとき平面は，
$$2+2+3+4+5+6+7+8+9+10=\mathbf{56}（個）$$
　　の部分に分けられているんだね．
父　3本の状態から4本目をひくと，平面は何個増える？と考えたところがミ
　　ソだったわけだね．
　　　では問題2は？
二郎　いつも通り，小さい値で実験すると，次のようだ．

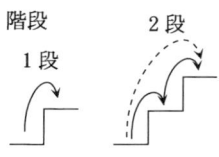

階段　　　2段　　　3段
1段　　　　　　　　　　　（うーん，わけがわからないや．
　　　　　　　　　　　　　　実験がうまくいかない．）

父　大分苦しんでいるようだね．では，聞くが，5段の階段をのぼるのに，は
　　じめの一歩には，どういうのぼり方がある？
二郎　1段のぼるか，2段のぼるかのどちらかだよ．
父　（二郎のノートにかきこむ．）

　　　　　　　　　　　　　　　　　5段をのぼる場合
　　　　　　　　　　　　　　　① はじめ1段 ⇨ あとで4段
　　　　　　　　　　　　　　　② はじめ2段 ⇨ あとで3段

二郎　つまり，はじめ1段の
　　ぼった場合，あとは4段を
　　のぼるのぼり方の数だけ，
　　のぼり方がある．
　　　はじめ2段をのぼった場合，あとは，3段のぼるのぼり方の数だけ，のぼ
　　り方がある．
　　　　　（5段ののぼり方）＝（3段ののぼり方）＋（4段ののぼり方）
　　ってことだね．
　　　わかったぞ．同じようにして，
　　　　　（3段ののぼり方）＝（1段ののぼり方）＋（2段ののぼり方）
　　　　　（4段ののぼり方）＝（2段ののぼり方）＋（3段ののぼり方）
　　　　　（5段ののぼり方）＝（3段ののぼり方）＋（4段ののぼり方）
　　　　　　　　　⋮　　　　　　　　⋮　　　　　　　　⋮
　　なんだ．あとは順々にあてはめていけばいいんだ．
　　　（n段ののぼり方）を$[n]$と書くことにすると，
　　　　　$[3]=[1]+[2]=1+2=3$，$[4]=[2]+[3]=2+3=5$，
　　　　　$[5]=[3]+[4]=3+5=8$，…
　　　ふー．前2つずつをたしていけばいいんだから，
　　　　　1, 2, 3, 5, 8, 13, 21, 34, 55, 89　で，**89通り**だ．
　　何だか不思議なやり方だなあ．

⇨2段ぬかしも許すとどのようになるかも，学習の進んだ子には考えさせてみましょう．

■1, 1, 2, 3, 5, 8, 13, 21, …
のように，前の2つをたしたものが次の項になるような数の列を，フィボナッチ数列と呼んでいます．
　フィボナッチ数列は難関校の入試では，本当によく出ますね．

6日目

父　昨日は，実験をしては規則を発見し，なぜそうした規則性が見出されるかについて考えてみた．

　　今日は，昨日の2題目の問題をさらに発展させて考えてみよう．

二郎　10段の階段の問題かい？

父　そうだ．この問題を次のように考えることもできる．

　　10段目をのぼりおわる一歩前には，何段目の階段にいるんだろう．

二郎　最後に1段のぼる場合には，'一歩前'は下から9段目．

　　最後に1段ぬかしをする場合は，'一歩前'は下から8段目．

父　つまり，

　　　　最初に8段のぼってから，1段ぬかしでぴょんととびあがるか …①
　　　　最初に9段のぼってから，1段のぼるか ……………………②

のどちらかということだね．

　　①の場合，のぼり方の数は，'8段ののぼり方の数'に等しく，

　　②の場合，のぼり方の数は，'9段ののぼり方の数'に等しい．

このような考え方でも

　　（10段ののぼり方の数）＝（8段ののぼり方の数）＋（9段ののぼり方の数）

がいえる．

二郎　一歩前を考えるってことだね．

　　このあいだ，一郎兄さんにある問題を出されたんだ．

⇨問題1は，たて3つ，よこ5つのならべかえと考えて，

$$_8C_3 = \frac{8 \times 7 \times 6}{3 \times 2 \times 1} = 56$$

問題2は，たて1つ，よこ3つ，高さ1つの5つのもののならべかえと考えて，

$$_5C_1 \times _4C_3 = 20$$

と出すこともできますが，小学生には難しいでしょう．

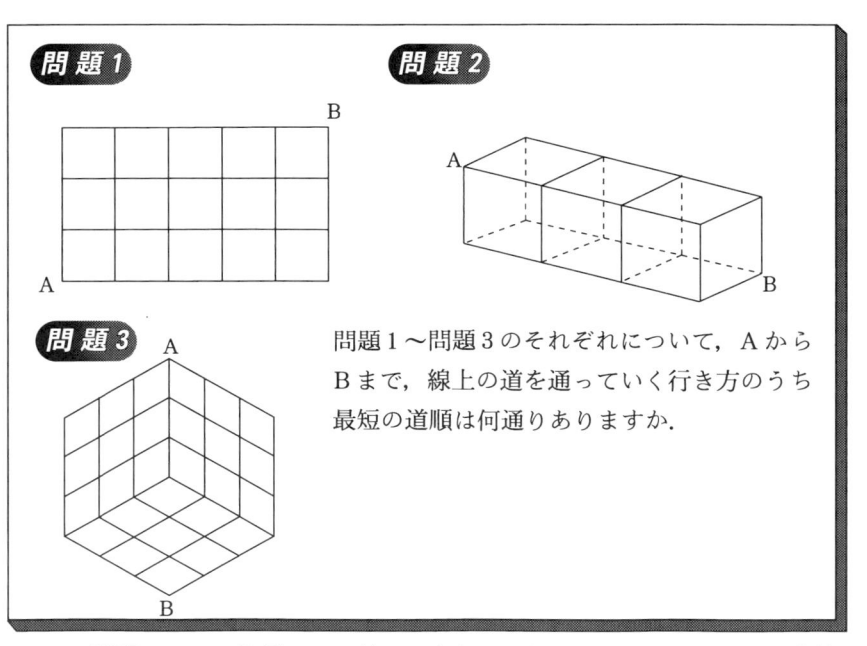

問題1

問題2

問題3

問題1～問題3のそれぞれについて，AからBまで，線上の道を通っていく行き方のうち最短の道順は何通りありますか．

　　この問題はね，一郎兄さんに教えてもらったところでは，まさに，一歩前を考えるってことの典型的な例なんだ．

　　たとえば問題1で点P（次ページの図）に行くためには，その一歩前のRから上に行くか，Sから右に行くかしかないよね．

だから，（Pまでの行き方の数）＝（Rまでの行き方の数）＋（Sまでの行き方の数）（図1）

ところで，図2のように，1とかきこんだ辺上の点までの行き方は，あきらかに1通りずつしかないから，あとは図3の矢印に従って，どんどんたしていけばよい．

完成図は図4のようになるから，一丁あがり．答えは **56通り**さ．

同じように，問題2も，次の図5の矢印に従って，図6のようにかきこんでいくと，答えは **20通り**になる．

図1
Sにかかれた数字とRにかかれた数字をたすとPの数になる

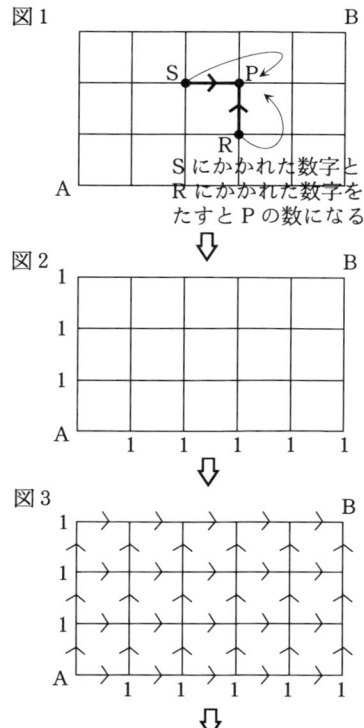

図2

図3

図4

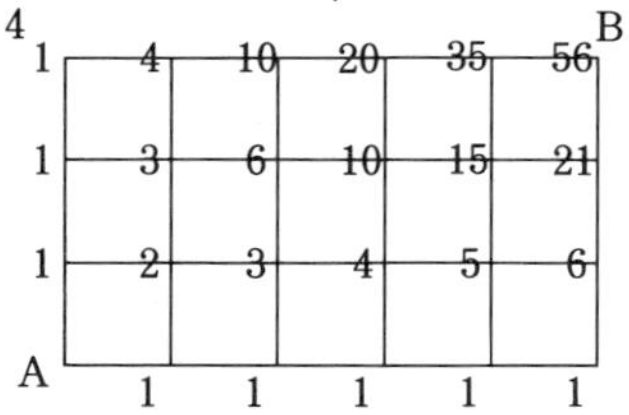

■下図は1辺1cmの立方体です．はじめ点Pは頂点Aにいますが，1秒たつごとに辺で結ばれた隣りの頂点3つのうちのどれかに移動します．

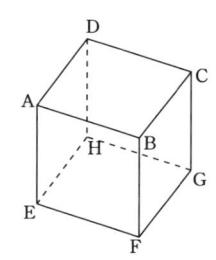

図5

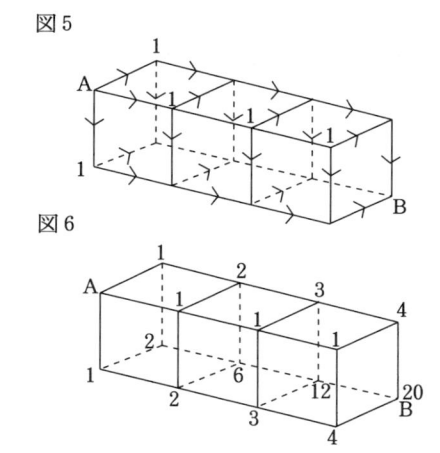

図6

では，6秒後に点Cに移動するような方法は全部で何通りありますか．

父　問題3は難しかったろう．
二郎　（平気な顔をして）
　　いや，理屈さえのみこんでしまえば，簡単だよ．
　　各辺で，どちらの方向に行けばよいかの方向さえ書きこんでしまえば，あとはたしていくだけさ．答えは **148通り**になる．
父　ふーん．それにしても，一歩前の状態を考えるという方法が，直線で平面を分けるという問題でも，階段の問題でも，道順の問題でも，みんなつかえるということは，結構奥が深いことなんだよ． 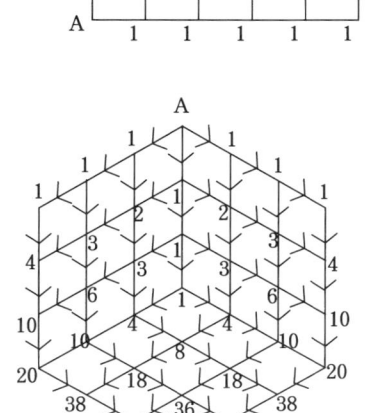

答えは **182通り**．

ステージ7

言いかえの効用

簡単な言いかえから，場合の数へ．そしてついには「影武者」シャドーの登場です．問題をちょっといいかえたり，目標をちょっとおきかえたりするだけで，こんなにすっきり解けるようになるのか…．みなさんも二郎と一緒に目を見張ってください．

1日目

父 お父さんには，昔から，やさしいけれどこの問題を教えてみたいなあと思う問題があった．その問題を右に書くから，ちょっとやってみてごらん．

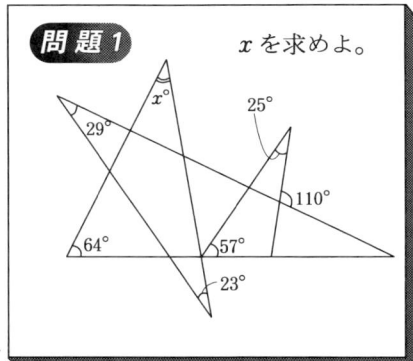

二郎 （いろいろ図に角度を書きこんで考えている．やがて）
　できたよ，**36°**だ．でも，面倒臭いだけでおもしろくも何ともない問題じゃないか．

父 （苦笑して）でも，おまえは，何だか行きあたりばったりに，わかる角度をどんどん書きこんでいっただけではないか．

二郎 そうだよ，でもそうじゃなければどうやるのさ．

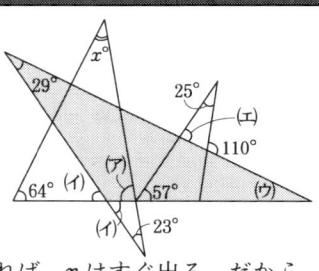

父 xを求めることが目標だ．この目標をうつしかえる．もしも，（ア）の角がわかれば，xはすぐ出る．だから，目標を（ア）にうつしかえる．（ア）を求めるにはどうするか．今度は（イ）の角がわかればよい．そこで，（イ）に目標をうつしかえる．（イ）を求めるには網目部の三角形を考えれば，（ウ）がわかればよい．（ウ）がわかるためには，（エ）がわかればよい．

　もう簡単だろう．
　目標を，x→（ア）→（イ）→（ウ）→（エ）と言いかえたわけだ．
　（エ）が，$110°-25°=85°$　とわかったら，あとは，
　（エ）→（ウ）→（イ）→（ア）→x　と逆順に次々と求めればよい．

■別解はいろいろ考えられる問題です．たとえば，

図1　　図2

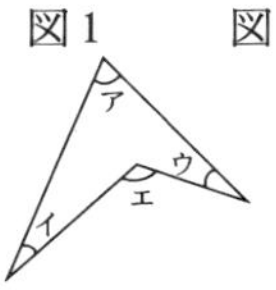

上図1で
　　ア＋イ＋ウ＝エ
図2の星型の図形で黒く印をつけた所の角度の和が180°になることを知っていれば，

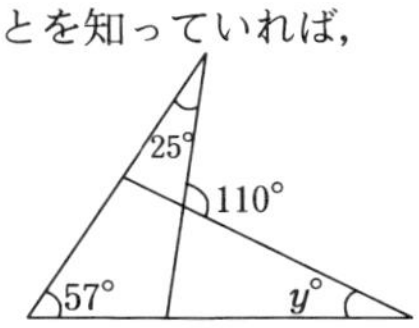

$y°=110°-(25°+57°)=28°$

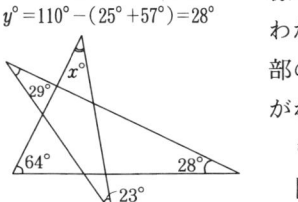

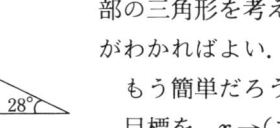

$x=180°-(29°+64°+23°+28°)$
　　$=36°$　と答えが出ます．

問題1　xを求めよ．

■$p×p$（pは素数）の形をした整数の約数は 1, p, $p×p$ の3個です。

素数 p の約数は 1 と p の2個.

また $p×q$（pとqは異なる整数）の形で表される整数の約数は少なくとも，1, p, q, $p×q$ の4個あるので，約数の個数が3個の整数は $p×p$ 型に限られます.

⇨整数 N が $N=p^a×q^b×……$ の形のとき，約数の個数が $(a+1)×(b+1)×……$ であることを知っている子には，「約数の個数＝3」⇨「素数²」をもっと直接的に教えて下さい.

二郎　何がいいたいの？

父　算数ではね．目標を言いかえたり，問題の意味を言いかえたりする力がすごく大切だっていうことだよ．例えば，次の問題はどうかな．

二郎　〈x〉＝3 ということは，xの約数の個数が3個だっていうことだよね．

父　あとは，'x の約数の個数は3個' ということを，'x は同じ素数を2回かけたもの' というように言いかえられれば，解決する．

答えは $2×2=4$，$3×3=9$
$5×5=25$，$7×7=49$ の **4個** だ．

問題2

記号〈x〉は，整数 x について x の約数の個数をあらわします．

1 から 100 までの整数のうちに，〈x〉＝3 となるような x はいくつありますか．

二郎　'約数は3個' ⇨ '同じ素数を2回かけたもの' という言いかえがカギだったわけだね．でも，言いかえっていっても，あまり有難みがわからないや．ちょっとしたことだもん．

父　では少し難しめの言いかえをやってみようか．

問題3

分母と分子をたすと 1000 になる真分数は，

$\dfrac{499}{501}$, $\dfrac{498}{502}$, … $\dfrac{2}{998}$, $\dfrac{1}{999}$

の 499 個あります．このうち，これ以上約分できない分数は全部でいくつありますか．

問題4

昭和64年は平成元年で，これは西暦1989年でもありました．では，昭和1年から昭和64年までに，西暦の年号が昭和の年号でわりきれた年は，全部で何年あったでしょう．

[問題3のポイントと解答]

$\dfrac{1000-□}{□}$ が約分できない ⇨ $1000-□$ と □ の最大公約数は 1 ⇨ 1000 と □ の最大公約数は 1 ⇨ $1000=2×2×2×5×5×5$ だから □ は 2 でも 5 でもわりきれない．⇨ 501〜999 のうち，2 でも 5 でもわりきれないものの個数を求めればよい．⇨ 501〜999 のうち，1の位が 1, 3, 7, 9 のものの個数を求めればよい．

………と言いかえて，答えは，**200個**

[問題4のポイントと解答]

西暦と昭和の年号の差は，いつでも一定で，$1989-64=1925$ であることに目をつける．

西暦の年号が昭和の年号でわりきれる ⇨（西暦の年号－昭和の年号）が昭和の年号でわりきれる ⇨ 昭和の年号 1〜64 のうち 1925 の約数をさがす．

………と言いかえて 1, 5, 7, 11, 25, 35, 55 の計 **7年**

■問題4は有名題です．発想が決め手のおもしろい問題です．10分以内に解ければ，相当な腕のもち主ですね．（すでに知っていた人は除きます）
■$1925=5×5×7×11$ です．

2日目

二郎　言いかえると問題がうまく解決するってことを昨日やったけど，あれだけじゃものたりないよ．確かに最後の問題なんか，かっこよかったけどさ．

父　まだまだ沢山出てくるから心配しなくてもよろしい．今日は「言いかえて数える」ということをやろう．パズルみたいでおもしろい問題もあるよ．
　　では，まずはやさしめの問題からいこうか．

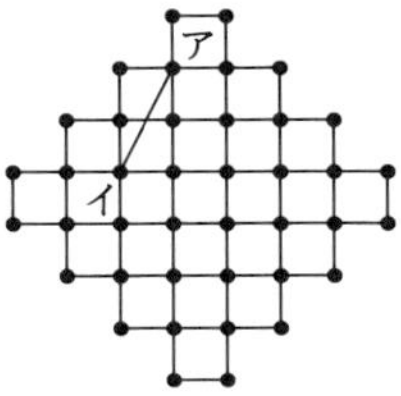

二郎　（問題1の図を見て）整理して数えあげれば何とかなりそうだけど，何かうまい手はあるのかなあ．

父　右の図を見てごらん．

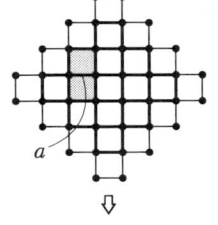

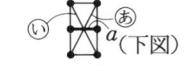

> **問題1**
> 右図の黒丸印の点を2つ結んだ線分の中に，アイの長さと同じ長さの線分は，アイも含めていくつあるか．ただし上の図は1辺1cmの小さな正方形を25個くみあわせたものである．

■どんどん数えていってもできるので（◩の向きの線分の数を数えて，4倍すればよい）まずは自力で答えを出してみましょう．

二郎　真中の部分が太線で書いてあるけど何か関係あるの？

父　これらは点と点を結ぶ1cmの線分の集まりだね．そのうちの1個，たとえば，図のaという線分に対して，下図にぬきだしたような，たて2×横1の長方形が，必ず対応している．
　　そして，この長方形には，問題に適するような対角線あとⓘがある．

■1cmの線分1個に，2本の対角線が対応しています．
　もちろん，◩1cmの線分にはよこ長のたて1×よこ2の長方形が対応しています．

二郎　すると，「a 1個 ⇨ 対角線2本」という関係がなりたつから，対角線の数（求める答え）は a のような1cmの線分のとり方の数の2倍だね．
　　そうかあ，上の太線部の長さ×2が答えなんだ！

父　求める線分の本数を直接数えるかわりに，太線部の長さを出して2倍したわけだね．つまり，
　　　（求める線分の本数）⇨ 2×（太線部の長さ）
といいかえたわけだ．
　　あとは，$\{(1+3+5)\times 4\}\times 2 = \mathbf{72}$（個）と簡単に出る．

二郎　ふーん．なるほどうまいもんだね．でも，もっともっとたくさんの例を教えてくれないと，感じがつかめないよ．

父　では，次に，ある問題集にのっていた問題をかっこよく解いてみようか．

■オオカミ3匹は区別しません．またヒツジ3匹も区別しません．

> **問題2**
> オオカミ3びきとヒツジ3びきをべつべつのオリに入れてあります．いま，このあわせて6ぴきを1ぴきずつ1つの同じオリにいれたいのですがオオカミの数がヒツジの数より多くなると，ヒツジは食べられてしまいます．（同じ数なら食べられません．）どんな順序でいれたらよいでしょう．入れ方は何通りありますか．
> 　　　　　　　　　　　（ステップアップ演習 p.66，6·5）

■みなさんは，まず地道に解ければ合格としましょう．

二郎　地道に解けばできそうだけど，面倒臭いなあ．かっこのいいやり方なんてあるの？

父　右図を見てごらん．

二郎　？………これは道順の問題じゃないか．

父　この図で，出発点からゴールまで，最短の距離でいく道順を考える．

　　たとえば，太線のルートをたどっていく場合，よこを○，たてを△として

　　　　　○△△○△○

の順にたどることになるね．この○をオオカミ，△をヒツジとすると，このルートは，㋺，㋪，㋪，㋺，㋪，㋺の順にオリに入れたということになる．

二郎　（じっと図を見ているがそのうち）わかった．図の×印のところに来ると，ヒツジよりオオカミの方が多くなって，ヒツジが食べられちゃうんだ．

　　すると………

　　たどっていけるのは，右の部分のルートだけだから，あとは，道順の数を求めるやり方で，書きこんでいけばいい．

　　答えは右図の道順の数と同じで7通り．

父　どうだ，結構パズルみたいでおもしろいだろう．

　　では，もう1題出すから，今度は自分で解いてみなさい．やっぱり，道順に言いかえる問題だよ．

問題3

りんごとみかんと柿となしがそれぞれたくさんあります．この中から，あわせて10個のくだものをえらぶ方法は，何通りあるでしょうか．ただし，1つもとらないくだものがあってもよいとします．

■これは，みなさんに思いついてもらうのは難しいでしょう．5分以上考えたら，あとは解説を読んで，「対応」のおもしろさを味わって下さい．

二郎　（苦心の末，右のような図をかく．）ふー．思いつくまでが大変だった．答えは図のような道順の数と同じ **286通り** さ．

父　説明してごらん．

二郎　横線は4本あるでしょう．

　　上から，りんごの線，みかん，柿，なしの線とする．

　　道順が1つ決まるごとに，それぞれの線の上の道の長さをそのくだものの個数とする．（例）の図では，りんご2，みかん0，柿6，なし2で，合計は横の長さの10個というわけさ．

	1	1	1	1	1	1	1	1	1	1
1	2	3	4	5	6	7	8	9	10	11
1	3	6	10	15	21	28	36	45	55	66
1	4	10	20	35	56	84	120	165	220	286

3日目

二郎　「言いかえて数える」ってすごい威力のことがあるよね．あまりびっくりしたんで，一郎兄さんに「言いかえ」のすばらしさについてしゃべっていたんだ．そうしたら問題をだされて，これを解いて見ろ，だって．

　　　ところが，それが3題ともやけに難しいんだ．いやんなっちゃうよ．

父　どれ．どんな問題なんだね．

■どれも難しい問題ですが，類題はよく出ます．（特に問題1と2）問題3は，甲陽学院など，本格的な出題をするところに限られます．
⇨問題2タイプ
　開成，桐朋，白陵など多数校で出題

問題1
　右図のように，たて3cm，よこ5cm 高さ4cmの直方体を，3×4×5＝60個の，1辺1cmの立方体に分けた．
　これらの立方体を平面ABCで切断するとき，60個の小立方体のうちの何個が切断されるか．

問題2
　右図のような，直角をはさむ辺の長さが13cmと17cmの直角三角形がある．直角の角のところから，図のように1辺1cmの正方形を直角三角形の内部にどんどんつくっていくとき，1辺1cmの正方形はいくつできるか．

問題3
　右図の三角形ABCの各辺上に，それぞれ3点をとり，①～⑨と名づける．①～⑨のうちから，2点を結ぶ線分をどんどんひいていくとき，2つの線分の交点はいくつできるか．
　ただし，3線分が1つの点で交わることはないものとする．

父　これは確かに難しい．でも考え方しだいでは，どの問題も簡単に解ける．
　たとえば1番だけれど，おまえは多分どの立方体が切断されるか，思い浮かべているうちにわけがわからなくなったんじゃないかい．

二郎　その通りさ．立体を思い浮かべるのは，本当に難しいよ．

■沢山の立方体を思い浮かべるとわけがわからなくなります．切り口に着目しましょう．

　　　の向きの平面ア～エによる切り口の線は，図の太線

父　実は立体の方じゃなくて，切り口に方に注目するといいのだ．三角形ABCが切り口のわけなんだが，これを上のように，たて方向の平面ア～エ

で切ると，切り口には太線で書いた4本の筋がつく．これらの筋は，BCに平行で，AB，ACの各5等分点を結ぶ線だ．

同じように，高さ方向に4等分，よこ方向に3等分する線分をそれぞれ切り口の三角形ABCにひいていく．

できあがりの図が右図なんだが，これをていねいにかくと，三角形ABCは，23個の区画に分かれている．

二郎　わかった．小さな立方体を1つ切断すると，1つの区画ができるわけだ．じゃあ23個の立方体が切断されたわけだね．でも

切られる立方体の個数 ⇨ 切断面の区画の数

なんていいかえは，ちょっとやそっとじゃ思いつかないよ．

父　こういう問題は，はじめはよく鑑賞して，慣れないと難しいかもしれないね．実は，問題2も，そういうタイプなんだ．

右図を見てごらん．たて17cm，よこ13cmの長方形を，1cm×1cmの17×13＝221（個）の正方形に分ける．

この長方形を対角線で領域Aと領域Bに分ける．領域Bには，無傷の正方形が何個残るかな．

二郎　領域Aに残る無傷の正方形と同じ数だよ．つまり，対角線がいくつの正方形を分割しているかがわかれば，221（全正方形）からその数をひいて，2でわればいい．

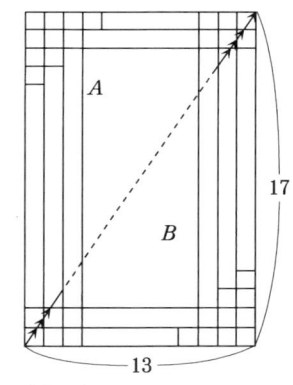

でも，対角線はいくつの正方形を分割しているんだろう．

まてよ，図に書きこまれている矢印は何？

あっ，小さな矢印のそれぞれが，1個の正方形を分割してる！

父　左下から対角線に沿って矢印をかいていくと，「たて線」か「よこ線」と交わるたびに，矢印が1個できる．

「たて線」は13本，「よこ線」は17本あるから，計30本の線と交わる．最後は「たて線」と「よこ線」が重なっているから，矢印は，

17＋13－1で，29本できる．

二郎　よって，対角線で切断される小さな正方形の数も29個だ．だから，領域Bに含まれる無傷の正方形は，（221－29）÷2＝**96**（個）

うーん，今度の言いかえは何？

まず，「できる正方形」⇨「切断される正方形」と目標をうつしたわけだ．そして，「切断される正方形」の数を数える代わりに矢印の数を数えたんだね．さらに，「矢印の数」⇨「たて線の数」＋「よこ線の数」－1　と言いかえたわけか．すごい言いかえの嵐だね．うーん．

■よほど図をていねいに書かないと数えもれをします．方眼紙か何かに図を正確にかいてみましょう．
（小さい，ほとんど点に見える区画もかぞえおとさぬよう）

■左上に同じ三角形をくっつけて考えます．

■問題3の答えは，①〜⑨の各点のうち，4点を選んでつくられた4角形の個数と同じです．
この四角形の対角線2本の交点1個が「2つの線分の交点」と同じなのです．そこでできる四角形の個数を数えて答えは，108個
（9点から4点とる場合の数 $_9C_4$ ［＝126］から，4点のうち3点が一直線上にある場合の数［6×3＝18］を引くのですが，少し難しいですね．）

4日目

父 昨日まで,「言いかえて数える」という問題を扱ってきたが,結構難しかったろう.

二郎 難しかったけど,面白かったよ.それに,あの考え方,受験でも出るんでしょう.

父 そうさな.でも,受験に出るから解くというのではなく,興味を持ったから解くというようであってほしいな.

二郎 もちろんだよ.

父 今日は,言いかえて解く問題の中では,わりとよく知られた2題を題材にしてみよう.

■このテの問題は,入試ではワンパターンです.直方体の場合や,円すいでも,糸を2まきする場合などをやれば,問題1の類題はほとんどOKでしょう.

問題1
右図の円すいで,点Bから点Dまで,円すいの母線AC上の点を通るように糸をぴんとはって巻きつけたら,糸はBからEを通ってDに達した.このとき糸のBE間の長さと,糸のED間の長さの比を求めよ.

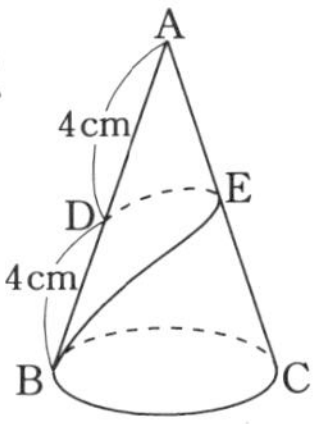

問題2
右図はAB=ACの二等辺三角形である.いま,辺BC上にAD=15cmであるような点Dをとった.いま一匹のアリがDを出発して辺AB上のどこかまで行き,次に,辺AC上のどこかまで行き,最後にDに戻ってきた.このようなアリの道の通り方のうち,最短のものの長さは何cmか.

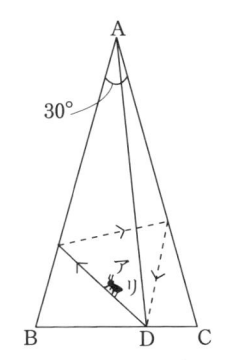

二郎 問題1はよく知っているよ.立体のままでは考えにくいから,展開図の上で考えるんだ.展開図で考えても,糸の長さはかわらないからね.

父 つまり,「立体の問題」を「平面の問題」におきなおして考えているわけだね.

二郎 円すいの側面を展開すると,おうぎ形になる.右の図は,母線ABで,この円すいの側面を切りひらいたところさ.

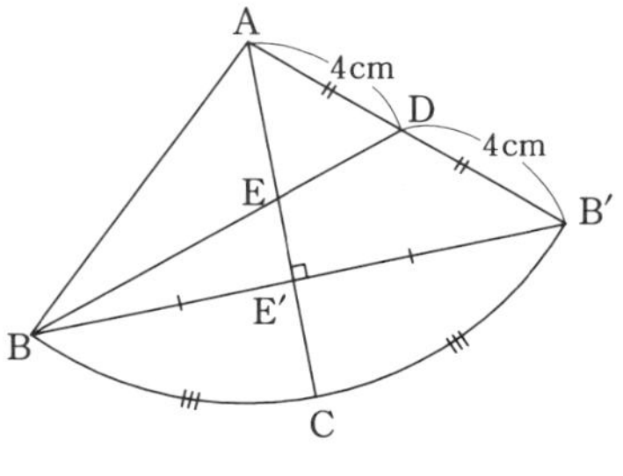

えーと,DはABの真ん中の点.Cは円の弧の部分の真ん中だから,図はACについて左右対称だね.(だからBE′=B′E)

BからDまで糸をぴんとはって巻きつけると,これはBからDまでの最短の経路だから,糸BDは展開図では直線になる.えーと,おや,これだけでBE:EDの比がわかるのかな.

父 せっかく,平面の問題に言いかえたのだから,あとは自分で解かなくては.補助線のヒントをあげるから,自分で考えてごらん.Dからね,AEに平行な線をひくんだ.

■次はやさしい「頭の体操」です.
下の図は立方体です.この立方体の表面をGからAまでいくのに,G→C→Aと直線状に行くのと,BC上の点をIとしてG→I→Aといくのと,どちらが近いでしょう?

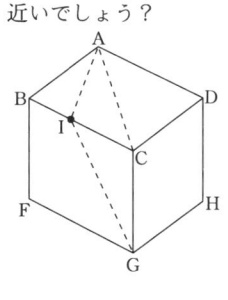

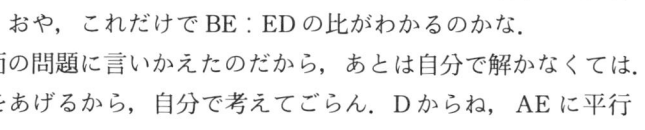

答 G→I→A のほう

■三角形 ABC の各辺の中点を L，M，N とすると，AL，BM，CN の3線分は1点 G で交わります．この G のことを三角形の重心といい，AG：GL は 2：1 になります．

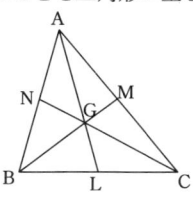

■このタイプの問題の基本の形は次のようなものです．

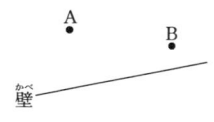

上の図で，A にいる人が，壁にタッチしてから B までいくのに，一番近い道順をえらぶには，壁のどこにタッチすればよいですか？
（答えは下に．）

二郎　（図をかいて考える．）
そうか，右の図で，BE：ED は BE'：E'D' に等しいから，
　　2：1 なんだね．
これ，D が AB の中点だったら円すいの形に関係なく，必ず，2：1 になるんじゃないかな．

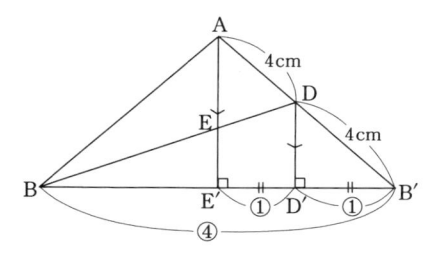

父　その通り．いま，おまえが言ったような考え方は，'一般化' というんだ．具体的な1つの円すいで成り立ったある性質が，実は，すべて一般の円すいについて成り立つわけだね．'一般化' に気をつける習慣が付くと，算数はもっとおもしろくなるよ．ただ，今の場合，おうぎ形の中心角が180°以上のときはダメだからね．…と横道にそれるのはやめて，次の問題に行こうか．

二郎　このアリはオレより頭がよさそうだね．どうやっていいのか，さっぱりわからないよ…．

父　1回やったことがないと，こういう問題を解くのは難しいだろうね．実は次のように考えるんだ．
　① 線分 AB，AC について，点 D と対称な点を，それぞれ，D'，D'' とする．（図2）
　② 図2をよくよく見ると，
　　　　PD と PD' の長さは同じ ………㋐
　　　　QD と QD'' の長さは同じ ………㋑
　ところで，目標は何だった？

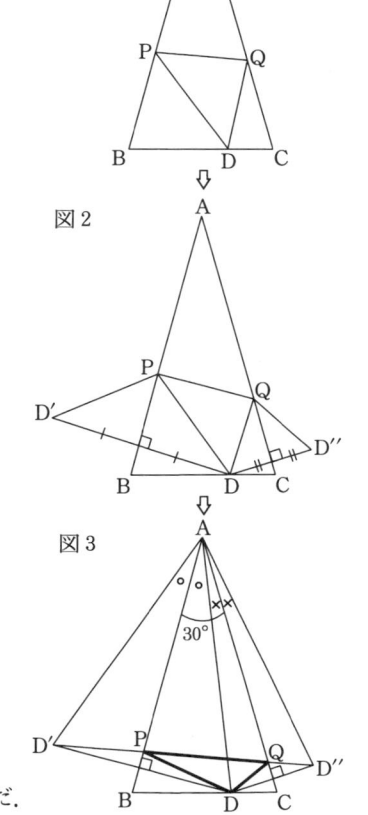

二郎　DP＋PQ＋QD の長さで，P や Q の位置を動かしたとき，最小のものを求めることさ．

父　そこで㋐と㋑によって，DP＋PQ＋QD という目標を，D'P＋PQ＋QD'' という目標にうつしかえる．
D' と D'' とは固定した位置（P や Q のように動かない）にある点だから，D'P＋PQ＋QD'' という '折れ線' の長さは，D' と D'' を直線で結んだとき一番短くなる．その時の P，Q の位置は図3のようで，最短の経路は図3の太線部分さ．

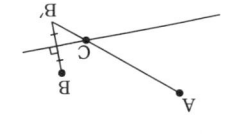

二郎　すると，図3で，D'D'' を求めればいいんだ．AD＝AD'＝AD''＝15cm で，○○××＝60°だから，△AD'D'' は正三角形．じゃあ最短距離は D'D''＝AD'＝**15cm** だ．

5日目

問題1

一直線上に点A, B, C, Dがあり, 各点間の距離は右図のようです.

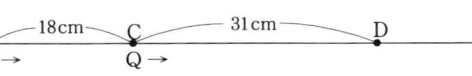

いま点PはAを出発して矢印の方向に毎秒6cmで, 点QはCを出発して毎秒4cmで, 矢印の方向に進むとき, 点DがPとQのちょうど真中になるのは何秒後ですか.

二郎 これも'言いかえ'の問題かい？

父 まあ, 地道に解いてもいいんだが, ここでは, 言いかえの練習をしようじゃないか.

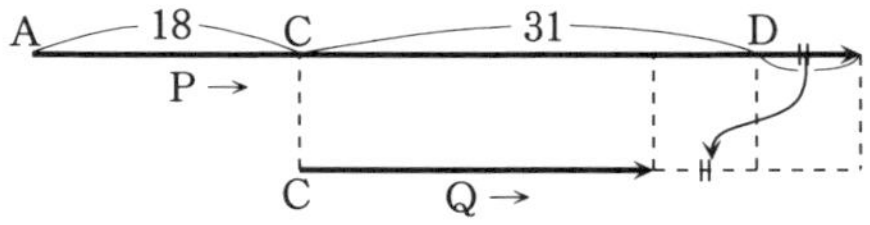

二郎 （しばらく考えていて）こうじゃないかな.（図をかく）

点DがPとQの真中になるとき, Pが先にいるか, Qが先にいるかすぐにはわからないから, どっちでもいいように, 2つ図をかいたんだ.

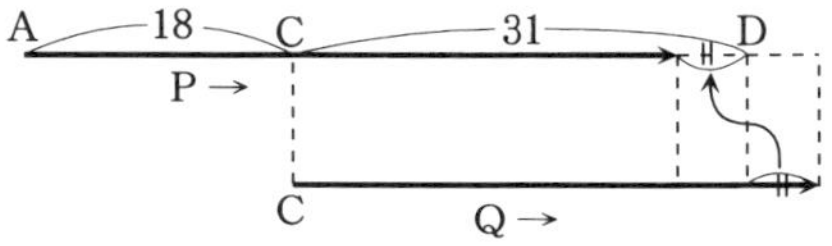

図1はPの方が先になってる. 図2はQの方が先になってる.

実際にはどっちの場合なのかはひとまずおいといて, 図1と図2に共通したことがあるでしょう.

父 ほう, 何だい？

二郎 どちらの場合も, PとQのちょうど真中がDになるまでに, PとQがあわせて進んだ距離は, 18+31×2=80(cm) だよ.

父 なぜだろうね.

二郎 Dよりも□cm先に進んでいる人の分を, Dよりも□cm後にいる人の分にふりわければいいのさ(図の矢印). すると, どっちの場合も同じになる.

二人あわせると, 毎秒 4+6=10(cm) 進むので, それまでにかかる時間は, 80÷(4+6)=8(秒後) だ.

父 おまえは, 「点DがPとQの真中」ということを, 「PとQがあわせて進んだ距離は80cm」といいかえて解いたわけだね.

それもうまいやり方だ. でも, もっとすごいいいかえ方があるんだ.

常にPとQの真中にいる点Rを考える. この点はACの中点Eを出発し, 速さがPとQの平均, つまり毎秒5cmの点である. この点が点Dを通過する

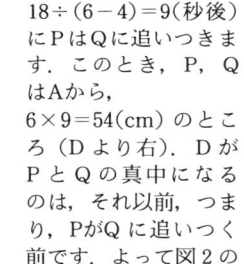

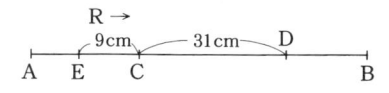

■実際には追かけ算で 18÷(6−4)=9(秒後) にPはQに追いつきます. このとき, P, QはAから, 6×9=54(cm)のところ（Dより右）. DがPとQの真中になるのは, それ以前, つまり, PがQに追いつく前です. よって図2の方が正しいことになります.

■80cmというのはPもQもDまで進むときの距離の合計AD+CDのことでもあります.

時が，PとQの真中がDになるときである．
よって (31＋9)÷5＝8(秒後)

二郎 うへっ！こりゃすごい威力だ．Rっていう実際には存在しない架空のものを考えるところなんてすごいや．

父 そこで，こういう架空のもの（影のもの）を考えるいいかえの方法を影の方法（シャドー）と呼ぶことにしよう．

⇨ 木下裕三先生がシャドーの考え方と名付け，「中学への算数」ではこう呼んでいます．

問題2
右の長方形の辺AD上をA→D→A→D…の順に毎秒5cmで往復する点Pと，辺BC上をC→B→C→Bの順に毎秒4cmで往復する点Qがある．

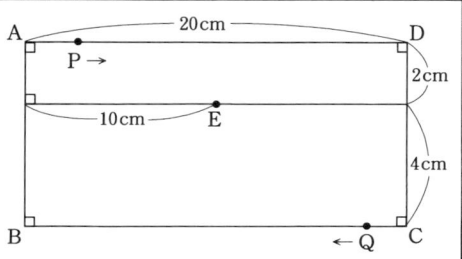

P，E，Qの3点がはじめて一直線上に並ぶのは，PがAを，QがCを同時に出発してから何秒後か．

問題3
5時と6時のあいだで，長針と短針のなす角の二等分線上に，12時や6時の文字がくるのは5時何分か．

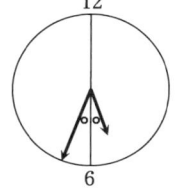

[二郎の解答]

問題2 いつでもQ'EQが一直線上に並ぶような，辺AD上の動点Q'（これがシャドー）を考える．

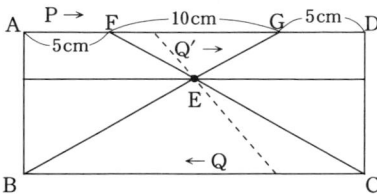

すると，この点Q'は，図のFを出発して，F→G→F→…の順に，毎秒2cm（毎秒4cmの半分の速さ！）で，FG間を往復する．

このQ'とPがはじめて一致する時間を求めればよく，これは簡単な追いかけ算で，5÷(5－2)＝1$\frac{2}{3}$(秒後)

■ QがCにあるとき，Q'はFにいます．
Qが一定の速さで動くとき，Q'も一定の速さで動きます．
Q'の速さはQの半分です．それはQがCからBまで動くとき，Q'はFからGまで動く（つまりQ'が動く長さはQの半分）ことから納得できるでしょう．

問題3
いつでも長針と短針の中間にある針Mを考える．すると，5時ちょうどの時，この針は，右図の点線の位置にいて，1分間に，長針と短針の平均の速さ，つまり，(6°＋0.5°)÷2＝3.25°のはやさで進む．

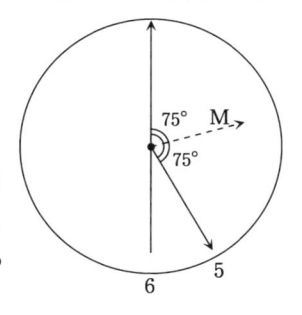

この針Mが「6」をさすのが求める時刻で
(180°－75°)÷3.25°＝32$\frac{4}{13}$ より，**5時32$\frac{4}{13}$分**

6日目

■問題1は，昔は高校入試でとりあげられていましたが，このごろでは中学入試におりてきたようです．

問題2も，時々出るタイプ．0～999までの数を考えてみましょう．

問題3は有名な問題で，何年か前には灘中でも類題が出ましたね．

テスト

問題1

13をたすと11でわりきれ，11をたすと13でわりきれる整数のうち，最小のものを求めよ．

問題2

1から999までの数をすべて書き並べたとき，その中に数字5はいくつ書いてあるか．

問題3

1から30までの数をかいたカードがそれぞれ1枚ずつあり，すべて表向きになっている．これらのカードに次のような操作をする．

まずすべてのカードの表裏を逆にする．次に2の倍数のカードすべての表裏を逆にする．次に3の倍数のカードすべての表裏を逆にする．……このようにして30の倍数のカードすべて（30だけだが）の表裏を逆にするところまで操作をつづける．このとき，全30枚のカードのうち，裏向きのものは何枚か．

二郎 問題1は，何かありそうな問題だね．きれいな形してるもん．

父 そこを利用して，何かうまい'言いかえ'ができないかということなんだがね．

二郎 13をたすと11でわりきれるっていうのは，どういうことなのかな．13をたして11でわりきれるなら，もう1回11をたしても，11でわりきれるということか．つまり，24をたしても11でわりきれるんだ．

 24＝11＋13 だから．これはつかえそうだな………

 わかったあ．

「この数に24をたした数」は11でも13でもわりきれるんだ．

そこで，問題を次のようにいいかえる．

「ある数に24をたした数は11でも13でもわりきれます．このような数のうち，最も小さい数は何でしょう．」

これなら，簡単だよ．11×13＝143だ．じゃあ，「ある数」は143－24＝**119**

 ＊　　　＊　　　＊

問題2はどうやるんだろう．（しばらく考えている．やがて）

　　　　1～9までのあいだ：数字5が出てくるのは<u>1</u>つ

　　　10～99までのあいだ：一の位に5が出てくるのは<u>9</u>つ

　　　　　　　　　　　　　十の位に5が出てくるのは50～59までの<u>10個</u>

100～999までのあいだ：一の位に5が出てくるのは，｢ア｣｢イ｣｢5｣の形だから，

　　　　　　　　　　　｢ア｣｢イ｣の部分が10～99までの<u>90個</u>

　　　　　　　　　　　十の位に5が出てくるのは，15□が10個

　　　　　　　　　　　25□が10個………だから，9×10＝<u>90個</u>

　　　　　　　　　　　百の位に5が出てくるのは500～599までの<u>100個</u>

以上を全部あわせると，1+9+10+90+90+100=**300(個)**

何だか，ずいぶん，きれいな答えになったな．

父　おまえは，「整理」することでこの問題を解いたわけだが，実はもっときれいなやり方があるんだ．（次のようにかく）

⇨このようにすると0から9までの10種類の数字は'対等'です．

000	001	002	003	004	005	006	007	008	009
010	011	012	013	014	015	016	017	018	019
020	021	022	…	…	…	…	…	…	…
…	…	…	…	…	…	…	…	…	…
…	…	…	…	…	…	…	…	988	989
990	991	992	993	994	995	996	997	998	999

二郎　ふーん，これは，0から999までを書いたものと同じだね．1は001のように，10は010のように，1けたの数はあたまに2つの0をつけ，2けたの数には，あたまに1つの0をつけたんだね．

父　それでなんだがね．上の表の中には数字0も数字1も，もちろん数字5も，0〜9までの数字が，みんな同じ数ずつ含まれているんだ．

二郎　そうかあ，百の位も0〜9の10通り，十の位も0〜9の10通り，一の位も0〜9の10通りで，合計10×10×10=1000（通り）のすべての組みあわせが出てくるもんね．

　この表の中は，すべて3つの数字から成り立っている1000個の数だから，数字の総数は，3×1000=3000(個)，

　そのうちには，0〜9までの10種類の数字がすべて平等に含まれているから，どの数字も，3000÷10=**300**（個）ずつ含まれているんだ．

*　　　*　　　*

父　最後に問題3なんだけど，たとえば28という数は何回「ひっくりかえ」される？

二郎　まず，はじめは全ての数がひっくりかえされるから1回でしょう．2の倍数だから，2回でしょう．次は………3の倍数じゃないから，そこではひっくりかえらない．次は………4の倍数だから，ひっくりかえって3回目．

　あとは7，14，28の倍数だから，全部で，6回だ！

父　これはね，28の約数は1，2，4，7，14，28の6個だから，6回ひっくりかえされるってことなんだ．

二郎　つまり，「ある数は，その数の約数の個数回ひっくりかえされる」ってことだね．だから，「裏向きのカードは，奇数回ひっくりかえされた」⇨『裏向きのカードにかかれている数の約数の個数は奇数個』となる．

　よって，元の問題は，「1〜30のうち，約数の個数が奇数個のものはいくつあるか」という問題にいいかえられるね．

父　これを更に言いかえる．「約数の個数が奇数個」＝「平方数」（同じ整数を2回かけたもの）だ．（左注）よって，「1〜30までに平方数はいくつあるか」と考えて，答えは，1×1=1，2×2=4，3×3=9，4×4=16，5×5=25の**5枚**

■注．ある整数（たとえば30）の約数を小さい順にかき出すと，

1 2 3 5 6 10 15 30

のようにかけてその整数になる2つずつのペアにわかれます．従って普通の整数の約数の個数は偶数です．

これに対して，平方数（たとえば36）の約数をかき出すと，

1 2 3 4 6 9 12 18 36

のように，真中の数（この場合は6）とペアになるのが6自身となるので，約数の個数は奇数個になります．

一般に約数の個数が奇数個のものは平方数に限られます．

ステージ8
目で見て考える

「変換」を図示したり，「関係」を図示したり，ダイヤグラムをもちいたり．とかく，人の頭は「目で見た」印象をうまく活用して，問題に立ち向かっていきます．今月の問題はかなり高度なものが多いのですが，おそれず立ち向かっていきましょう．

1日目

■369→693なので，3は6に，6は9に，9は3に変換されます．
■この問題は自力で解いてみましょう．

問題1

1けたの数字を，一定の規則で別の1けたの数字に変換する機械があります．この機械に，369を入れたら693に，24を入れたら42に，8715を入れたら，1578になりました．数字0を含まないすべての整数について，この機械に□回つづけて入れると，もとの整数に戻ります．□にあてはまる数のうち，最小のものを求めなさい．

（上の問題を前に二郎はじっと考えこんでいる．やがて．）

二郎 変な問題だね．1が何回でもとの1に戻るか考えてみたんだ．（右の図をかく．）まず，1は1回目で7に変わる．7は次に5に変わる．5は次の8に変わって，8は元の1に戻る．これをあらわしたのが右の図さ．（図1）
　同じように，7について調べると図2のようになるんだけど，図1と図2は同じだよね．

図1　1→7→5→8→1
図2　7→5→8→1→7

父 なるほど，おまえは，そういう図をかいたんだね．その図の1と1，7と7をくっつけると，次のように円状の図になるね．（図3）

図3（1,7,5,8の円）

■円状の図にあらわしてしまえば，1から出発しても7から出発しても4回で元にもどることがよくわかるでしょう．

二郎 じゃあ，5や8も，同じように4回で元に戻ってくるんだ．………その円状の図は，便利そうだね．（更に図4のようにかく）2や4は，2回で元に戻ってくるグループだね．3や6や9は3回で元に戻ってくるんだ．じゃあ，すべての数は2回と3回と4回の最小公倍数の **12回** この機械に入れれば元に戻るんだね．

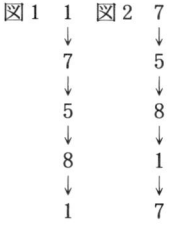

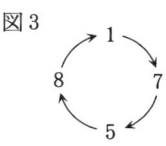

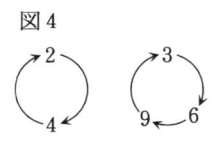

図4（2,4の円と3,6,9の円）

父 これはね，

$$\begin{pmatrix} 1 & 2 & 3 & 4 & 5 & 6 & 7 & 8 & 9 \\ \downarrow & \downarrow & \downarrow & \downarrow & \downarrow & \downarrow & \downarrow & \downarrow & \downarrow \\ 7 & 4 & 6 & 2 & 8 & 9 & 5 & 1 & 3 \end{pmatrix}$$ という規則の変換を，

$1 \to 8 \to 7 \to 5 \to 1$ の輪, $2 \leftrightarrow 4$, $3 \to 9 \to 6 \to 3$ という3つの変換に分解したということだね．このように，変換をいくつかのグループに分解する作業をすると，問題がとても簡単に解ける場合があるんだ．

⇨カードをシャッフルする問題は，その昔，麻布中で出されて以来，時折，いろいろな学校で出題されています．

問題2

カードの名人がいる．この名人は16枚のカードをいつも一定のきり方ができる．そのきり方は，

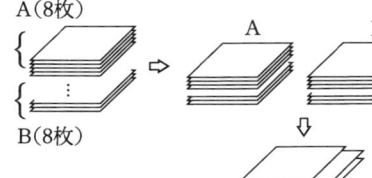

1° カード16枚を上から8枚のグループAと，それ以外のグループBに分ける．（図1）

2° 次に順番がAグループの1番上，Bグループの1番上，Aグループの2番目，Bグループの2番目，………というように，Aグループのカードと Bグループのカードを交互に重ねていく．

この1°と2°の操作を連続して行うことを，1回の手順とする．

では，この名人が何回カードをきると，カードの順番は元にもどるか．

二郎 うーん．やり方がよくわかんないよ．

父 では，16枚のカードに，上から1〜16の番号をふってみよう．すると，カードは1回きると，図5のようにして，上から

1, 9, 2, 10, 3, 11, ………8, 16

の順にうつるだろう．

二郎 これは，1番上のカードは1番上のカードで，上から9番目のカードは，2番目にうつり，上から2番目のカードは3番目にうつり，………ってことだよね．

つまり，このきり方で，上からx番目のカードがy番目にうつるとすると，

x番目 $\begin{pmatrix} 1 & 2 & 3 & 4 & 5 & 6 & 7 & 8 & 9 & 10 & 11 & 12 & 13 & 14 & 15 & 16 \\ \downarrow & \downarrow & \downarrow & \downarrow & \downarrow & \downarrow & \downarrow & \downarrow & \downarrow & \downarrow & \downarrow & \downarrow & \downarrow & \downarrow & \downarrow & \downarrow \\ 1 & 3 & 5 & 7 & 9 & 11 & 13 & 15 & 2 & 4 & 6 & 8 & 10 & 12 & 14 & 16 \end{pmatrix}$ y番目

のような変換をしてるってことだね．

わかった．上から2番目のカードは $2 \to 3 \to 5 \to 9 \to 2$

のようにして4回で元にもどる．同じようにして，上からの順番についてグループの図をかけばいいんだ．（左図6を描く）．

この図から明らかに，すべてのカードは **4回きれば元にもどる**んだね．

■図6
1, 16は元のまま

$2 \to 3 \quad 4 \to 7$
$\uparrow \quad \downarrow \quad \uparrow \quad \downarrow$
$9 \leftarrow 5 \quad 10 \leftarrow 13$

$6 \to \quad 8 \to 15$
$\uparrow \quad \downarrow \quad \uparrow \quad \downarrow$
$\quad 11 \quad 12 \leftarrow 14$

図5
1
2
3
⋮
15
16
⇓
1 → 9
2 → 10
3 → 11
4 → 12
5 → 13
6 → 14
7 → 15
8 → 16
⇓
1
9
2
10
3
11
⋮
8
16

2日目

⇨カク乱順列と呼ばれるタイプの問題です。1～nの整数を1対1の写像fによって1～nの数にうつしかえるのに、すべてのiについて$f(i) \neq i$となるようなfはいくつあるかという問題です。
一般論は小学生では無理ですが、$n=3, 4, 5$の場合を数えあげさせる出題が中学入試でもよく見られます。

問題3

5人の人A, B, C, D, Eがいる。これら5人が、この5人のうち自分以外のだれかに手紙を出したところ、この5人のだれもが、1通ずつの手紙を受けとった。このような手紙の出し方は何通りあるか。

父 昨日、数字を並べかえる変換をやったね。その変換を、いくつかのグループに分解して図示するというのが、昨日の課題だった。

今日も、その考え方を利用する問題を用意したよ。

さっそく、上の問題なんだが、ヒントをあげることにしよう。AがBに手紙を出すということを、A→Bのように書くことにして、次の図は何をあらわすかな？

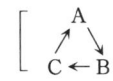

………タイプ I

二郎 ループができてるね。AはBに手紙を出し、BはCに手紙を出し、CはAに手紙を出してる。DとEはお互いに手紙を交換してるね。

この図は、問題3の題意を満たす手紙の出し方の一つの例だよ。

父 では、次の図はどうだい。（右図）

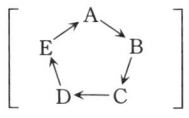

二郎 やあ、AはBに手紙を出し、BはCに手紙を出し、………。

………タイプ II

5人がぐるぐるまわっているよ。これも、手紙の出し方の一例だね。

父 では、次の図は？

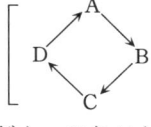

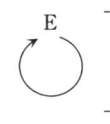

二郎 これはだめだね。Eは一人で孤立してるもん。この図は「Eが一人さびしく、自分で自分に手紙を出す」の図だよ。これはだめだ。

父 実は、そういう孤立をなくすような交換の方法は、タイプ I のように、5つのものを、3つのループと2つのループにわけるか、タイプ II のように、5つ全部がぐるぐるまわるループにするかのどちらかしかないんだ。

これはちょっと考えればわかるね。

二郎 あとはタイプ I のような手紙の出し方は何通りか。タイプ II のような手紙の出し方は何通りかを調べて、その2つをたせばいいわけだね。

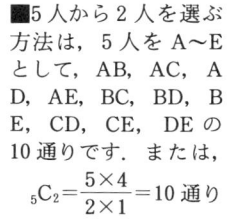

■5人から2人を選ぶ方法は、5人をA～EとしてAB, AC, AD, AE, BC, BD, BE, CD, CE, DEの10通りです。または、

$$_5C_2 = \frac{5 \times 4}{2 \times 1} = 10 \text{通り}$$

■残り3人は、自動的に左になります。

タイプ I 　左　右

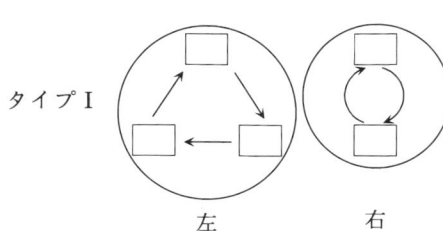

・5人のうち2人をえらんで右のループに入れる。（10通りの場合がある。）残り3人は左のループ。

・左の3人をA, B, Cとすると、手紙のやりとりの仕方は

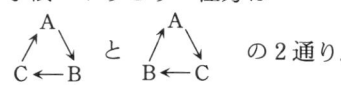

の2通り。

よってタイプ I は $10 \times 2 = 20$ 通り

⇨ 1つを固定して考えます．（円順列）

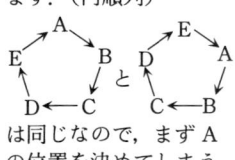

A→B→C→D→E→A と D→C→B→A→E→D は同じなので，まずAの位置を決めてしまうのです．

タイプⅡ

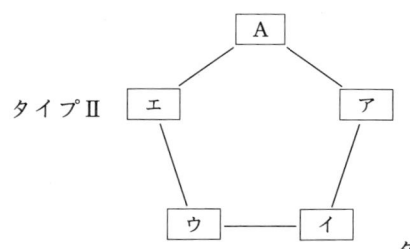

```
     A
   /   \
  エ     ア
  |     |
  ウ─────イ
```

- Aがアに，アはイに，イはウに，ウはエに，エはAに手紙を出すとする．すると，
- アの選び方はA以外の4人，イの選び方はAとア以外の3人，………というようになるので，

タイプⅡは，$4 \times 3 \times 2 \times 1 = 24$（通り）．

あわせて，$20 + 24 = \mathbf{44}$（通り）が答えだね．

問題4

6つの野球チームA，B，C，D，E，Fがある．これらの野球チームが，どのチームも異なる2チームと野球の試合をするように，対戦相手の組みあわせをつくりたい．そのような組みあわせ方は何通りあるか．

二郎　（しばらく考えて）わかったよ．やっぱりループをつくればいいんだ．

たとえば，右のようなループの場合，
Aは両隣のB，Cと対戦し，
Cは両隣のA，Dと対戦し，………
というようになるんだ．

まてよ，今度はA→Cのような矢印はつけなくてよさそうだな．

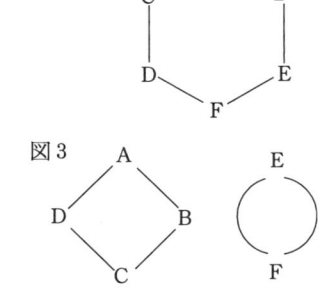

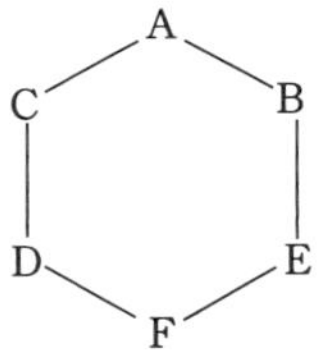

父　その通り．図1と図2は，実は同じことを表しているんだね．

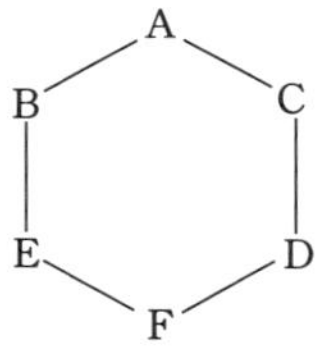

だから，このように6人がループをつくるときの組みあわせ方は，

$(5 \times 4 \times 3 \times 2 \times 1) \div 2 = 60$（通り）

その他に，ループのつくり方はあるかな．

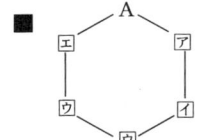

二郎　たとえば，4つのループと2つのループはどうかな．（右図3をかく）

これはだめだ．E対Fが2試合あることになっちゃう．

5つのループは1つが孤立するから論外として，あとは3つと3つのループか．（右図4をかく）

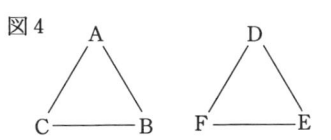

このようなループのつくり方は，A～F6つのチームを，3チームずつのグループ2つにわける方法の数と同じだよ．すると，Aがいる方のグループに入る残り2チームを，B～Fの5チームから選べばいいから，5つのものから2つのものを選ぶ方法の数で10通りだ．

よって，全部では，$60 + 10 = \mathbf{70}$（通り）の組みあわせ方があるんだね．

■
```
     A
   /   \
  エ     ア
  |     |
  ウ─────イ
```

アの選び方が5通り，イの選び方が4通り，……と考えて，
$5 \times 4 \times 3 \times 2 \times 1 = 120$（通り）

これらには，図1と図2のように対になるので，組みあわせ方は $120 \div 2 = 60$（通り）

図1
```
     A
   B   C
   E   D
     F
```

図2
```
     A
   C   B
   D   E
     F
```

図3
```
  A           E
 D B          
  C          F
```

図4
```
   A        D
  C B      F E
```

3日目

▷グラフ論では有名なラムゼイ数の問題です。
■かなり自信のある人は、「解いてみよう」という気でやってもよいですが、その他の人は、まず、あれこれ考えてみてください。
（問題文の意味がわからない人は、ここは難しいので、とばしてもよいです。）

問題1

6人の人が卓球（シングルス）のリーグ戦をした。途中までの対戦が終わって気づいてみたら、どの3人をとってみても、その3人のあいだの対戦のうち、まだ終わっていない対戦があった。

このとき、まだお互いに一試合もしていないような3人を選ぶことができるが、その理由を簡単に説明しなさい。

父 これはすごく難しい問題だから、自力でできなくてもいいよ。でも、ためしに考えてごらん。

二郎 難しいっていわれると、何だか考えたくなくなるなあ。何だか、オレ、このごろちょっとひねくれてきたみたいだよ。（といいながら考え出す）

ええと、6人をA, B, C, D, E, Fとして、………AB, BC, CAのすべての対戦がすんでいるわけではないんだ………

（しばらく考えて………）うーん、場合分けがすごすぎて、わけがわからない。

■このように、いくつかの点を線で結んで関係をあらわしたものを「グラフ」といいます。みなさんのよく知っている棒グラフや円グラフのグラフではありません。

父 ABとかBCとかいうように対戦をあらわしていると大変だよ。右図のようにA〜Fを円周上に書きあらわして、2つずつを線で結ぶ。

すでに対戦が終わっている相手とは実線で結び、まだ終わっていない相手とは点線で結ぶ。

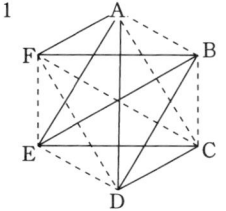

たとえば図1では、AはD, E, Fとは実線で結ばれているから対戦が終わっているが、B, Cとは点線で結ばれているから、まだ対戦がない。

二郎 つまり、問題がいいたいのは、「A〜Fを頂点としてすべて実線の辺でできているような三角形がない」⊛ とき、「A〜Fを頂点としてすべて点線の辺でできているような三角形がある」ことを説明しろってことだね。

これ、どこかでやったことがあるぞ。

▷星美中の入試に誘導付で出題されました。このときは、すべての辺を赤と青で塗り分けたとき、同じ色の辺だけからなる三角形が少なくとも1個はあることを示す問題でした。

父 やっぱりばれたか。おまえのやっている入試問題集に、ほとんど同じ問題があるね。

では、復習してごらん。

二郎 Aから他の5人には、実線か点線のどちらかがひかれているよね。そのうち3本以上が実線の場合（図2など）をまず考える。

図2で、DE, EF, FDのどれを実線で結んでも、条件⊛に違反してしまうから、三角形DEFはすべての辺が点線でできた三角形になる。

今度は、図3のように、Aから3本以上点線がひかれている図を考えると、図3で、DE, EF, FDのすべてが実線だったら、やはり条件⊛に反するか

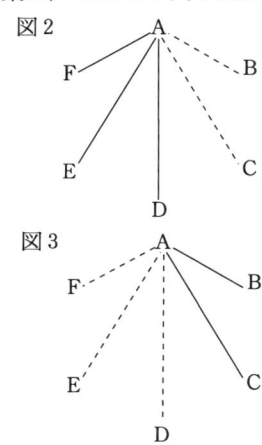

ら，少なくともどれか1本は点線さ．するとその点線を含む，「すべて点線の辺からなる三角形」が必ず1個はできるよ．

父　その通り．このように，いくつかのものがあって，そのうち2つずつに，何らかの関係があるものを実線で結んだり，点線で結んだりすると，問題が目に見えやすく，とらえやすいものになることがあるんだ．

■これもオリンピック級の問題なので，腕におぼえのある人以外は自力で解かなくともかまいません．

> **問題2**
> 右の図のような地図がある．A〜Kの部分は国であり，太線は国境をあらわす．いま，A国から出発した旅人が，K国にたどりつくまでに越える国境の数は，必ず奇数になることを説明しなさい．ただし，図の黒点部分は，峠の難所であるから通ることはできないし，長方形の枠は，世界のハテであるから通ることはできないものとする．

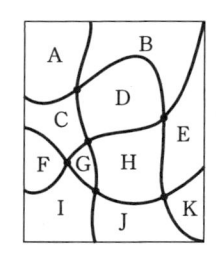

■実際にいろいろな行き方を考えて，こえた国境の数を数えてみましょう．実験の精神が大切ですね．

二郎　変な問題だね．本当に奇数回なのかな．（と，いろいろな行き方を線でひき出すが，どうやっても奇数回になる．図の点線のように旅した場合は13回）

ふーん，たしかにどう行っても奇数回のようだ．

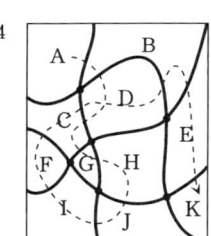

父　Aから国境を1回だけ越えて行ける国（国境で隣りあっている国）をAと実線で結ぶことにする．

このように各国について，隣りあっている国同士を線で結んでいくと，右のような図ができるね．

おまえが13回国境を越えた，図4のような場合を図5の上でたどり直してみよう．

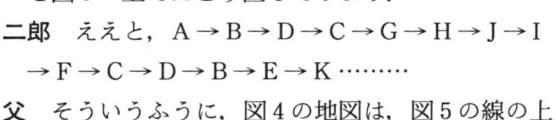

図4

■図5は国同士の関係を表す「グラフ」です．A，B………などの点から辺をたどって他の点に行くとき，たどった辺の本数が，国境を越えた回数になります．

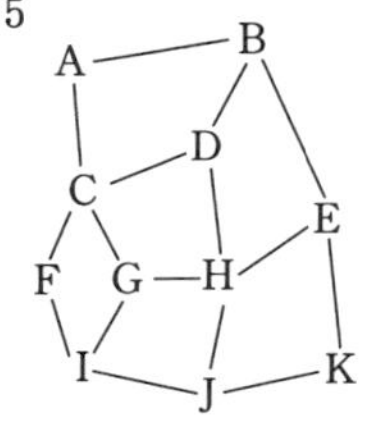

二郎　ええと，A→B→D→C→G→H→J→I→F→C→D→B→E→K………

父　そういうふうに，図4の地図は，図5の線の上をたどるのと，全く同じことになるんだ．

では，図5という地図の性質を研究してみよう．
図6のように，国を2つに分類してみよう．
A，D，E，F，G，Jの6つの国は○印で囲み，その他の国には，×印をつけたのが，図6だ．

図5

図6

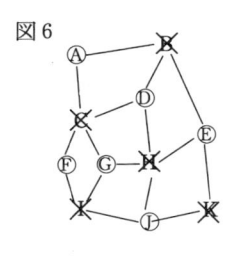

二郎　ねえ，ちょっと教えすぎだよ．さすがにそこまでいえば，もうわかるけどさ．

父　じゃあ，説明してごらん．

二郎　○国のAから，1回国境を越えると（1コマ隣に進むと），×国になる．2回目に進むとまた○国になる．もう1度進むと×国になる．………というように1回進むごとに○と×がたがいちがいになるから，○国であるAから，×国であるBに行くには，国境を奇数回越えることになるのさ．

93

4日目

父　今日も，いくつかの点を適当な線で結んだ図について研究してみることにしよう．まず，有名な一筆書きの問題なんだが………

■まずは問題だと思わずに，工夫して遊んでみましょう．勉強はそれからです．

問題1

右図は，A〜Fまでの6つの点をお互いに辺（線分）で結んだ図である．

この図から何本かの辺を取り除いて，一筆書きができる図を作りたい．取り除く辺は，最低でも□本必要である．

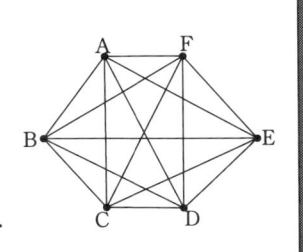

父　まず，「どんな図が一筆書きできる図で，どんな図が一筆書きできない図か」ということについての知識はあるのかな．

二郎　聞きかじった知識はあるよね．

たとえば，右の「たんぼの田」のような字が一筆書きできるかどうかを調べるにはね，まず，黒く印をつけた各点について，その点が「偶点」か，「奇点」かを調べるんだ．

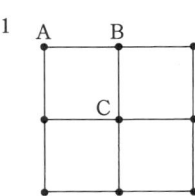

父　「偶点」「奇点」て，何だね．

二郎　たとえば，Aの点について図2のようにAの点にからんだところだけ見ると，Aからは2本の線が出てるでしょう．2は偶数だから，Aは偶点．

Cからは4本だから，これも偶点．

Bからは3本で，これは奇数だから，Bは奇点なんだ．

………

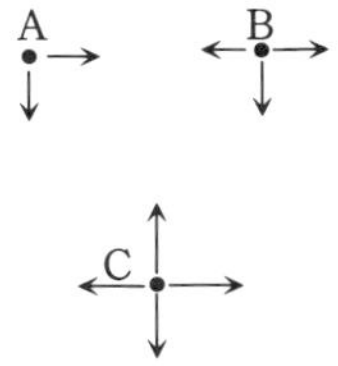

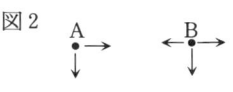

こういうふうにして，すべての点について，出ている線分の数を調べて（　）の中に書いたのが，図3さ．

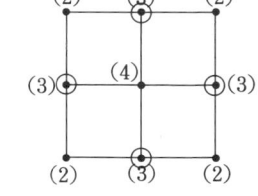

これを見ると，奇点が4個あることがわかる．

記憶にまちがいがなければね，

「奇点の数が0個か2個の図は一筆書きができる．

奇点の数が4個以上の図は一筆書きができない」

という法則があるんだ．この図は奇点が4個だから，一筆書きはできない．

父　確かにおまえの言う通りなんだがね．奇点の数が1個や3個の場合はどうなるんだ？

二郎　ええと，ええと………（しばらく考えるが）よくわかんない．

父　実はね，奇点の個数は，必ず偶数個なんだ．なぜかというとね．たとえば，おまえの書いた「たんぼの田」について，図4のように矢印を書きこんでみると，この矢印の総数は，

■もちろん'連結'された図だけ考えます．たとえば次の図は偶点だけしかありませんが'連結'でないので一筆書きできません．

■主役を「点」にする場合と「辺」にする場合を使いわけているわけで，奥が深いですね．この奇点の数は必ず偶数個であるという性質を，難しい用語では「握手補題」と呼んでいます．なぜ「握手」かって？ 太古の大昔から，いままでに奇数回握手した人の数は必ず偶数人いるからです．本当かな？（1回の握手には，いつでも2人［偶数］が関係している）

$2+3+2+3+4+3+2+3+2$

のように，（ ）内の数をすべてたしたものになっている．

二郎　あたりまえだよ．

父　ところが，別の見方をすると，これは，辺の数の2倍なんだ．

二郎　そうか．辺を中心に見ると，それぞれの辺に，2つずつの矢印があるもんね．つまり………つまり，（ ）内の数をすべてたすと，必ず偶数になるってことか．

父　そうだ．$\overset{..}{2}\times$（辺の数）だから，必ず偶数になる．
　　ここで，もしも奇点が奇数個だとしたら………

二郎　（ ）内の和も，奇数を奇数個たして，あと偶数をたしていくんだから，全体では奇数になって，おかしなことになるね．
　　じゃあ，一筆書きできない図まで含めて，奇点の数は必ず偶数個なんだ．

父　一筆書きができる図は，出発点と終点とがあるだろう．

二郎　書きはじめが出発点で，書き終わりが終点だね．

父　そう，その途中では，1つの点に筆が入ってきたら，必ず，筆は出ていくから，その点は必ず偶点となる．
　　たとえば図5の点Aは，二度通過している．ということは「入る線と出る線」の組が2つで，この点の（ ）の中の数は，$2\times 2=4$　だから，偶点さ．

二郎　つまり，奇点の可能性があるのは，出発点と終点だけ．だから，3個以上ということはない．奇点の個数は偶数だから，0個か2個　ということなんだね．

父　それで，はじめの問題はどうだ？

二郎　A～Fの6つの点で，出ている線分の数は5つずつだから，何と「奇点」が6つもあるんだね．これじゃ，一筆書きはできないよ．（図6）
　　じゃあ，辺AFをはずしたらどうだろう．（図7）AとFとか偶点になったな．
　　もう1本辺CDをはずしてみよう．（図8）CもDも偶点になって，奇点はBとEだけになったよ．答えは**2本**だ．

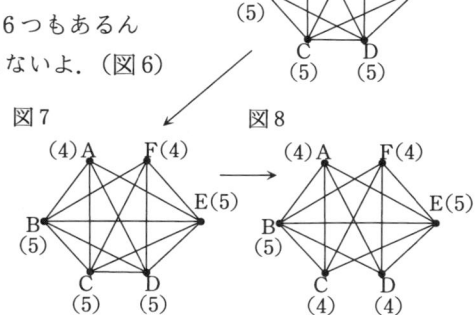

■奇点が0個の図とは出発点と終点が一致した図です．

■実は，奇点が0個，あるいは2個の図は必ず一筆書きができますが説明は難しいので，ここでは省略します．

5日目

■ダイヤグラムは一般に，複雑な動きを整理して，目で見てとらえやすいようにする道具です．

父　今日から2日間ダイヤグラムの問題をやるんだがね．

二郎　速さのグラフのことだね．横軸に時間をとり，たて軸に位置をとる．

父　そうしてグラフをかくとね，ある時間にどの位置にいるかという関係が，手にとるようにわかるようになる．ぱっと目でみたときにわかりやすいから，慣れると強力な武器になるよ．

二郎　ふうん，じゃあ，ダイヤグラムを使うと解きやすくなる問題っていうのは，たとえば，どんな問題なの．

問題1

AとBの2人が，甲乙両地間を往復しています．Aは，9時に甲地を出発し，一定の速さで10時までに甲乙両地間を3往復しました．また，Bはやはり9時に乙地を出発し，Aとは異なる一定の速さで，10時までに，乙甲間を一往復しました．二人が出会った（追いこした場合も含む）時刻をすべて，求めなさい．

父　この問題は，もちろんダイヤグラムを使わなくても解ける．でも，ダイヤグラムをつかうと，見通しがとてもよくなる．

二郎　じゃあ，書いてみよう．
（書き出す）

父　ていねいに書くんだよ．いつもみたいに雑に書いちゃ，だめだぞ．

二郎　わかったよ，ていねいに書きゃいいんでしょ．（やがて右のような図ができる．）

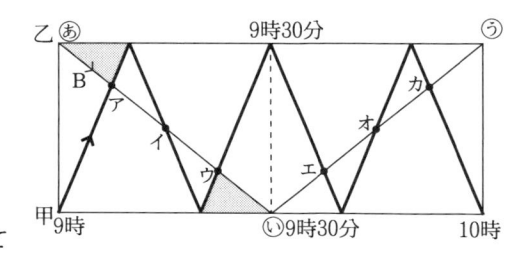

■2つの線の交点は，位置が同じであることをあらわします．
　追いこしなのか，出会いなのかも，すぐ読みとれます．

父　Aの動きを太線で，Bの動きを普通の線であらわしてあるんだね．ア，イ，ウ，エ，オ，カのような黒点は何かな．

二郎　線のぶつかったところは，出会った場所をあらわしているのさ．これを見ると，「出会い」があったのか，「追いこし」があったのかもすぐわかるよ．
　　ア，ウ，エ，カでは反対向きに進んでいるから「出会い」で，イ，オでは，同じ向きに進んでいるから，「追いこし」さ．

父　9時30分のところに書いた点線は何だね．

二郎　ああ，これは途中で気づいたんだけどね，このダイヤグラムは，この点線について左右対称なんだ．

■図形的性質（対称性，合同，相似）をつかって，時間や位置を出すこともできます．

父　おまえがぬりつぶした三角形は？

二郎　2つの三角形は，あきらかに合同だね．
　気がついたんだけどね．図で，あアイウいエオカうは，すべて等間隔だよ．
　全部，1時間を8でわった7分30秒間隔さ．だから，

9時7分30秒(ア)　9時15分(イ)　9時22分30秒(ウ)　9時37分30秒(エ)

9時45分(オ)　9時52分30秒(カ)　が答えなんだね．

問題2

　A地から7.5km離れたB地までいくのに，Pは9時に出発して走っていって10時にB地に着き，Qは9時10分に出発して自転車でいき，9時50分にB地に着いた．また，Rは9時30分に出発し，車でいき，9時40分にB地に着いたという．

　さて，途中のC地点では，まずQが通過し，それからR，Pの順に通過していったという．C地点はA地から□kmから□kmの間にあると考えられる．ただし，各人はそれぞれ一定の速さである．

問題3

　4km離れたA，B両地間を，Bを出発して時速12kmの自転車で往復している人Pがいる．いま，PがBを出発するのと同時にAを出発した人Qが，Bに着くまでちょうど5回自転車と出会ったり追いこされたりしたという．Qの速さは，時速□kmより速く，時速□kmよりおそい．

父　ダイヤグラムで読みとるのが便利な問題として，「順番」を扱った問題と，「回数」を扱った問題をとりあげてみた．やってみてごらん．

二郎　（問題2のダイヤグラムを書く）
ていねいに書くんだったね．方眼紙でもあればいいのに．

父　そう神経質にならなくともいいよ．手がきで，きちんとかいてあればいいんだ．（右図ができあがる）

二郎　わかった．
このダイヤグラムを，横線で切っていけばいいんだ．たとえば，地点Dをあらわす横線①で切ると，
　R→Q→P　の順に通過している．横線を上下に動かすと，
　Q→R→P　の順なのは，地点アとイのあいだだね．

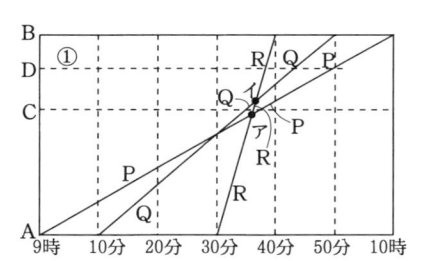

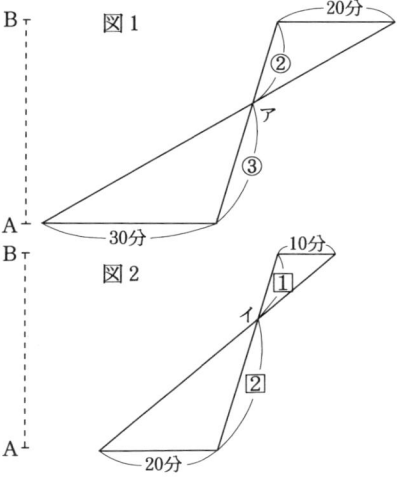

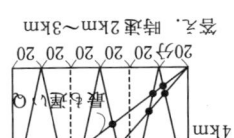

　図1，図2のように相似な三角形を抜き出すと，ア，イはそれぞれAからの距離が，AB間の5分の3，3分の2の地点だから，C地は，アとイのあいだで，Aから
　$7.5 \times \dfrac{3}{5} = 4.5$(km) から $7.5 \times \dfrac{2}{3} = 5$(km) の間になる．

■横線で切ると，ある地点を通る時刻の順番が，縦線で切ると，ある時刻での位置の順番がわかります．
■問題3は，各自ダイヤグラムを書いて，考えてみてください．
（答は，下に）

答　時速2km～3km

6日目

■どれも有名問題ですが難しいでしょう．

制限時間40分でやって（あてずっぽうでなく）1問できれば，よし，2問できれば上出来とします．

テスト

問題 1
　A君は毎日6時に駅につき，迎えに来たお父さんの車で家に帰る．ある日，たまたま5時40分に駅についたので家に向って歩いていたら，途中でお父さんの車に出会ったので，それに乗って，いつもより10分はやく家についた．A君が歩いたのは何分か．ただし車の速さはいつも一定である．

問題 2
　ある船が川下のA地点から，川上のB地点までいく途中，流れている「ゴミ」を目撃した．さて，この船はB地点ですぐに引き返しA地点に戻ったが，ちょうどA地点に着いたとき，「ゴミ」もちょうどA地点に流れ着いたという．はじめに「ゴミ」を見たのが6時，A地点に戻ったのが7時とすると，B地点に着いたのは何時か．ただし船の静水の中での速さ，川の流速は，それぞれいつも一定であるとする．

問題 3
　P君はA地からB地まで徒歩で行き，15分B地で休んでから，B地からA地まで自転車でひき返し，P君と同時にB地を出発したQ君はB地からA地まで自転車で行き，15分A地で休んでから，B地に徒歩でひき返した．P君とQ君では歩く速さは同じで，自転車の速さも同じである．

　P君は行きにA地から800mの地点でQに出会い，帰りにはA地まで，2400mの地点で再びQに出会った．歩く速さと自転車の速さの比を求めよ．

父のメモ：どれも難しい問題と思う．問題2はダイヤグラムを必要としないが，書けば書いたで意味ははっきりするだろう．

二郎　久しぶりのテストだなあ．どれから手をつけよう．問題3あたりがやさしそうかなあ．（問題3のダイヤグラムをかき出す．）

　PとQは結局同じことをしてるんだから，同時に出発点に戻るはずだなあ．速さが同じ動きは，平行線で書く…
（図ができあがる）

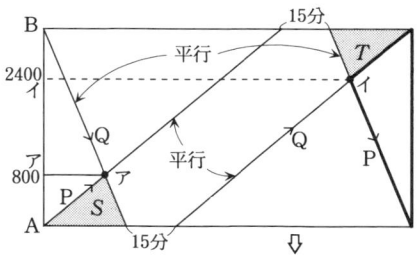

　そうか．SとTは合同な三角形だから，イ（2回目の出会い）とBの距離はA－Pの距離と同じ800mか．

　なるほど．すると下図に書いたように，徒歩で800m進むのにかかる時間（t）に，自転車は2400mを進むんだ．（下図）

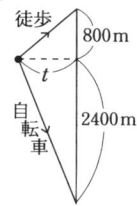

　じゃあ，徒歩の速さ：自転車の速さ＝800：2400＝**1：3**

■時間の流れを'逆まわし'にすると，Qがはじめ徒歩でBからAまで行き，15分A地で休んでからAからBまで，自転車でいく，ということになります．

このように考えるとAアの距離とBイの距離が等しい理由がすぐわかりますね．

調子がいいなあ．問題1にいってみよう．（ダイヤグラムをかき出す）

　車が往復するとき，行きの速さも帰りの速さも同じだから，ダイヤグラムの中には二等辺三角形があるんだなあ．（図の太線）

　で，目標は歩いた時間を求めることだから，図のアを求めればいいんだ．図のイでもいいんだ．

（しばらく考えて）

わかった！ひらめいたぞ．
でも，なかなか気づきにくいや．
　太線をひくと，網目の三角形はやはり二等辺三角形だ．
　図のウ＋エ＝10分で，ウとエは同じだから，ウ＝エ＝5分．
　よって，イ＝5分．
　アは，20－5＝**15**（**分**）だ．
　あと1問だぞ．問題2だ．
おや，流れの速さも船の速さもわかってない．こんなので解けるのかな．（図をかく）

（しばらく考えて）

　もしも，流れの速さが0だったら，6時30分に着いたはずだ………

　ということは答えは6時30分なんだろうけど，本当にこれだけで決まるのかな．

（しばらくして，右のように(ア)の線をかく）

そうか．
　㋐の部分では，船とゴミが，（㊩－㊓）＋㊓　の速さで離れていく．
　よって，出会い算により，
　{（㊩－㊓）＋㊓}×(㋐にかかる時間)＝(ア)の距離
一方㋑の部分は，船とゴミとの追いかけ算だ．
　{（㊩＋㊓）－㊓}×(㋑にかかる時間)＝(ア)の距離
〰〰部はどちらも，㊩　だから，2つの式をくらべると明らかに
　　　㋐にかかる時間＝㋑にかかる時間
だな．だから，Bに着く時間は，6時と7時の中間の **6時30分** に決まるんだ．

■ちなみに車の速さと徒歩の速さの比は，15：5で3：1です．

■図の中の，㊩は船の静水中の速さ，㊓は川の流れの速さを表します．

■極端な場合を考えて答えを予測しているわけです．この場合，ゴミを見たのは何とA地点そのものということになります．

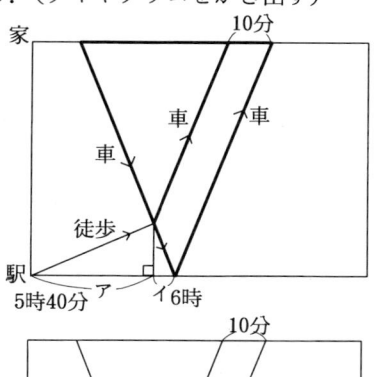

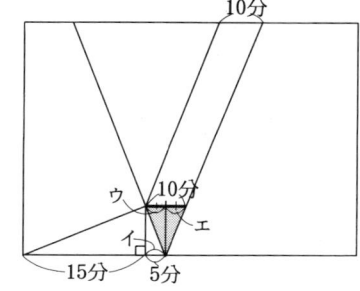

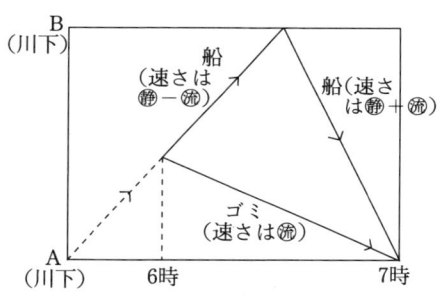

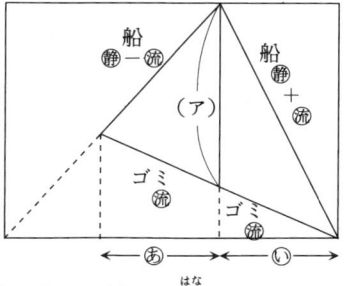

99

ステージ9

立体の見方

立体を思い浮かべるって本当に難しいね，と二郎は悩んでいます．でも，筋道にしたがっていけば，立体は結構楽なものなのです．「延長方式」に「平行方式」，体積を求める面白い方法を伝授された二郎は，いっぺんに立体が得意になったような気がしてきました．

1日目

二郎 立体って難しいよね．特に切り口がどうなっているのか考えさせる問題は，いまだにうまく思い浮かべられないんだ．

父 ほう，たとえばどんな問題だね？

二郎 たとえば，立方体を1つの平面で切ったとき，切り口が何角形になるかってタイプの問題．

父 では，どの位わかっているのか，次の問題でためしてごらん．

問題1

次の(1)～(4)の各図は，立方体の見取り図と，その上にある3つの点である．各図に指定された3つの点を通る平面でこの立方体を切ったとき，切り口はどうなるか，作図しなさい．（ただし点は全て頂点か辺の中点）

(1) (2) (3)

(4)

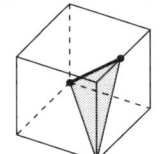

■うっかりと(1)をなどと答えないように．これでは太線部分が立方体の内側になってしまいます．
（豆腐を包丁でえいやと切ったら内側だけ切れたなんてことはないですね）

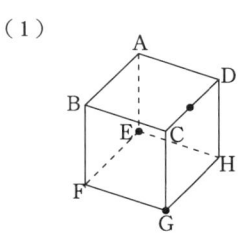

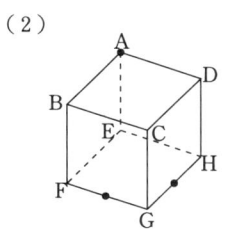

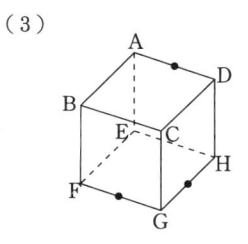

（立体はすべて1辺の長さが6cmであるものとする）

二郎　こういう問題だよ．こういうのがよくわからないんだ．
父　この手の問題はね，2つの基本手筋があるんだ．
二郎　2つの？
父　そう．どちらもすごく基本的な手筋がね．まず第1番目のものだが，

①：1つの平面上の好き勝手な2つの点を取って，その2つの点を結ぶ直線を引くとき，その直線上の点はすべて，もとの平面上にある．

二郎　あたりまえじゃないか．
父　その「あたり前のこと」ができれば，どの問題もすぐ解けるはずだ．
二郎　!?
父　たとえば(1)はこうする．

■ここでは，この①の手法のことを'延長方式'と呼ぶことにしましょう．

■(1)の形でよく出る問題は「2つに切断された立体のうち小さい方の体積を求めよ」です．
　答えは，
P-EGH から P-NMD
をひいて
$(6×6÷2)×12÷3 - (3×3÷2)×6÷3$
$= 63 (cm^3)$

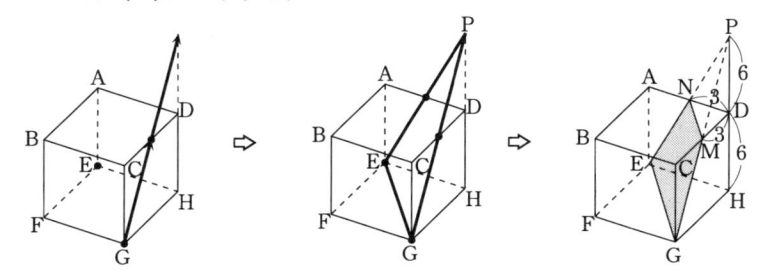

このように太線をどんどん延長して，①をくりかえし使っていくだけで，網目のような切り口ができた．(2)～(4)で練習してごらん．

(2)

■(2)の形でよく出る問題は「BI：IF を求めよ」です．
　答えは，ABI と PFI の相似に着目して，
2：1
（なおこの面は正五角形ではありません）

(3)

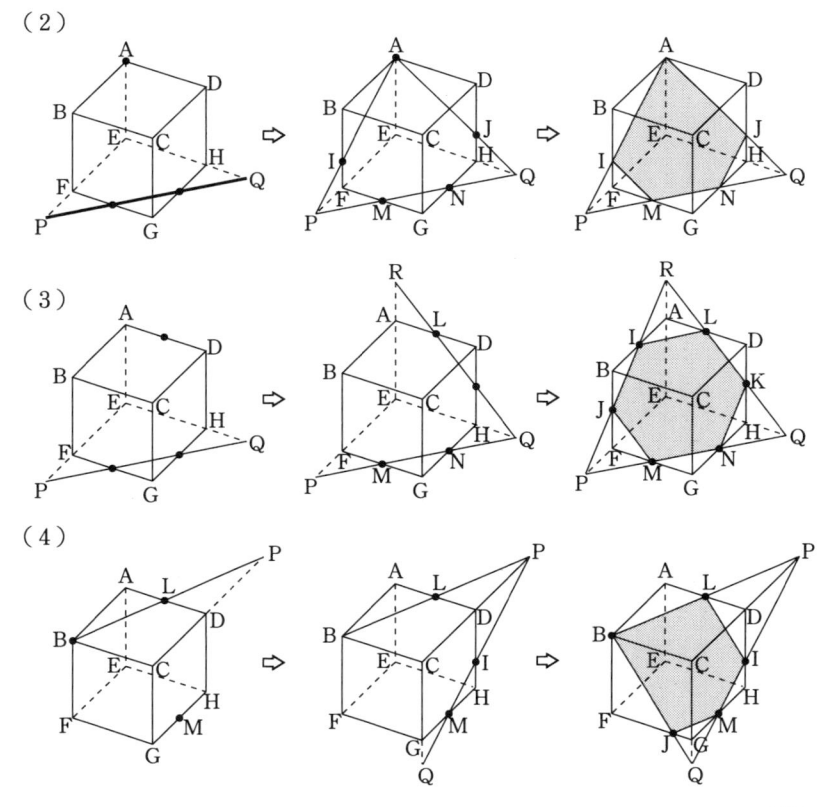

■この形で大切なのは切り口の形が正六角形になるということと，体積は二等分されるということです．

(4)

2日目

■P-EGH と P-NMD は，相似な三角すいです．
（1つの三角すいを底面と平行な面で切ると，元の三角すいと相似な三角すいができます）
相似比は 2:1 なので体積比は
2×2×2:1×1×1
=8:1 となります．

では，図2で
三角すい P-FMI と
三角すい P-EQA の
体積比は？
（答えは一番下）

■記号 ∥ は'平行'という意味です．

二郎　昨日，図を書きながら思ったんだけどね．あの図の中には，ずいぶん沢山の平行や相似が隠れているね．

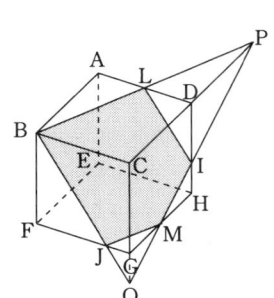

父　もう少し詳しく説明してごらん．

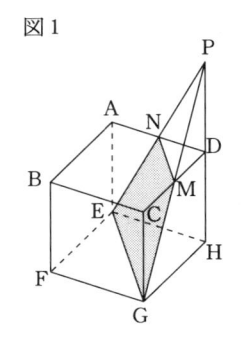

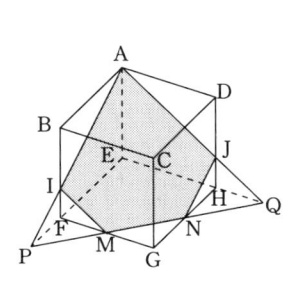

図1　　　図2　　　図3

二郎　たとえば，図1で，MN∥GE だよ．また △PMD と △PGH は相似だ．
図2では，AJ∥IM，AI∥JN で，△ABI と △PFI は相似，
△MGN と △MFP は合同，図3では，BL∥JM，BJ∥LI で，
△IMH と △QMG は合同，△QGJ と △QCB は相似だよ．

父　ちょっとまて．今おまえの言った平行線を気をつけてみると，一つの法則がみつからないかな．

二郎　（しばらく考えて）法則って？

父　おまえは，図1で MN∥GE だって言ってたね．
MN は，立方体の「上の面についた筋」だね．
GE は，立方体の「下の面についた筋」だね．
上の面と下の面は平行だろう．

二郎　つまり，平行な2つの面をすぱっと切ると，2つの面には平行な切り口がつくということか．

父　その通り．右の図のようなイメージを思い浮かべてくれるといいんだ．
このことがわかっているとたとえば，1日目の問題1(1)は，次のような手順でも解ける．

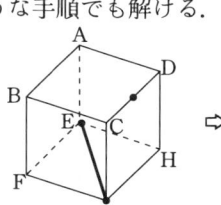

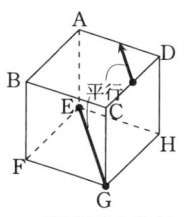

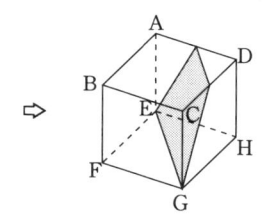

■②の方式を平行方式と呼ぶことにしましょう．

（平行線をひく）

実は，昨日言っていた①の延長法に対して，この「平行な面につく切り口の

答え　IF：AE=1:3
なので
1×1×1:3×3×3
=1:27 です．

102

あとは，平行である」ということを利用した作図が，②の平行法なんだ．

二郎 ふーん．この2つはどう使いわけるの．

父 延長法を使いこなせるようにしておいて，すぐに見えるところは平行法を使えばよい．いってみれば，延長法が主役で，平行法が名脇役ってところかな．

でも，平行法が主役になる切り方もある．次の問題はどうかな．

二郎 （しばらく考えて）

1つわかったことがあるよ．
PSは向う側の面についた筋QRはこっちの面についた筋だから，平行なんだ．

向うとこっちの面は平行だからね．

同じように，左の面についた筋のPQと，右の面についた筋のSRも平行．

だから，PQRSは平行四辺形なんだ．

でも，これからどうするんだろう．

問題

右図は直方体を平面Tで切断した図である．
（1）SDの長さを求めよ．
（2）Tより下の部分の体積を求めよ．

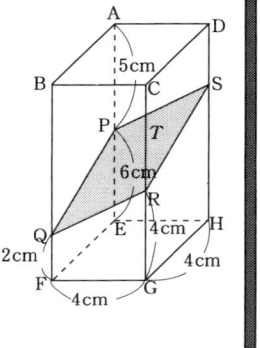

■直方体を右の図のように，1つの対角線を含む平面で切ると，直方体の体積は2等分されます．

■直方体を右図のように1つの平面で切ると切り口は一般に平行四辺形となり，図で
$a+c=b+d$
です．

父 ちょっと，右図を見てごらん．図をよーく見て，QFとSHの平均はどこの長さになっているかわかるかな．

二郎 もちろんOXさ．こんな感じ（図3）になってるからね．

父 では，PEとRGの平均は？

二郎 やっぱりOXだ．そうか．この形では，QF＋SHとPE＋RGは同じだってことだな．

それじゃあ，⑦は 6＋4－2＝8(cm)
求めるSDは，(高さ)－8＝6＋5－8＝**3(cm)**

父 （2）は，図2のように考えればいい．

二郎 そうか．中の直方体がTで二等分されてるんだ．

じゃあTより下の体積は，「中」÷2＋下 だから
4×4×6÷2＋4×4×2＝**80(cm³)**

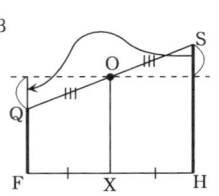

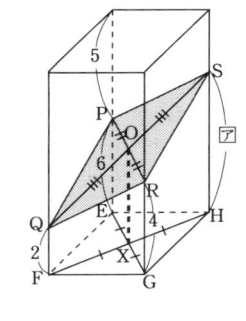

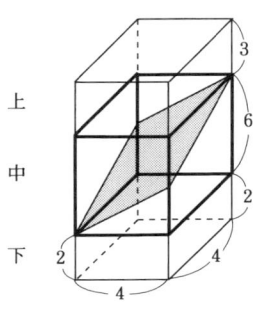

3日目

二郎　切り口の問題は少しずつわかってきたよ．特に立方体の切り口はね．でも，立体の問題は何といっても体積と表面積が主役だよね．

父　そうだね．それで，「立体の体積」についておまえが知っていることはどのくらいあるのかな？

二郎　うーん．ええとね．まず，〜柱の体積は，「底面積×高さ」でしょう．〜すいの体積は，「底面積×高さ÷3」でしょう．

あとね，ええと，ええと，相似な立体があって，長さの比が $a:b$ とするよね．そのとき，体積の比は，長さの比を3回かけて，
$a \times a \times a : b \times b \times b$ になるんだ．

父　それ以外は？

二郎　知らない．あとは複雑な立体の体積を求めるとき，今の3つをうまく組みあわせることができるかさ．

父　その3つだけでは，受験にはちょっときつかろう．そうした基本の「使い方」についての知識があった方がよいし，公式ももう少しおぼえた方がいい．

二郎　でもさ，公式っておぼえると害があるっていうじゃない？

父　それは導き方も知らないで丸おぼえするからさ．おぼえてあてはめるだけでは，進歩がない．でも公式の成り立ちをよく理解することは絶対に必要なんだよ．それは新しいものの見方を可能にするからね．

では，今日からは，体積についての問題を1問するたびに，1つのポイントをマスターしていくことにしよう．

■立方体から，切断した部分をひいていく方式でもできますが，どういうひきかたをするかが難しいでしょう．

問題 1

一辺6cmの立方体（右図）を4つの平面 MNEH，MNFG，KLDC，KLAB で切断したら，内側に右図のような，頂点をK，L，M，Nとする三角すいが残った．この三角すいの体積を求めなさい．

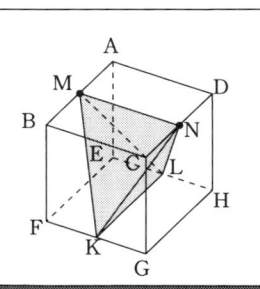

二郎　どれを底面としても，よくわからないよ．どうすればいいの．

父　ポイントはね，MNの中点をPとしたとき，問題の三角すいが，

　　　　M-PKL　という三角すいと，
　　　　N-PKL　という三角すいと

に分けられることだよ．

二郎　どちらも同じ三角すいだよね．

そうかあ．△PKLの面積も，PMって高さも簡単に求められる．

　　△PKL＝KL×6÷2＝6×6÷2＝18(cm²)

よって，三角すい M-PKL の体積は，△PKL×MP÷3＝18×3÷3＝18(cm³)

求める体積は，これを2倍して，18×2＝**36(cm³)** だよ．

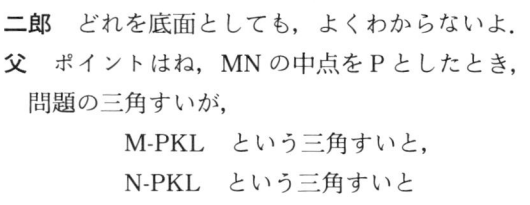

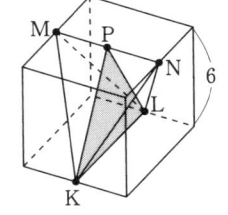

父　その通り．でも，これだけでは，まだ足りない．
　　実はね，右のアイウエのような三角すいで
　　オ→カの方向にながめたとき，アイとウエが
　　垂直に交わっていれば（つまり，真上から見たとき
　　図2のようになっていれば）
　　　　アイウエの体積
　　　　　　＝（アイ）×（ウエ）×（オカ）÷6
　　で簡単に出るんだ．

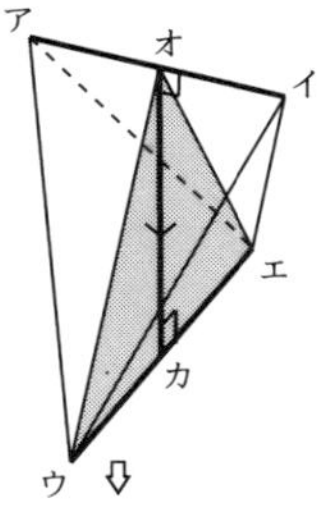

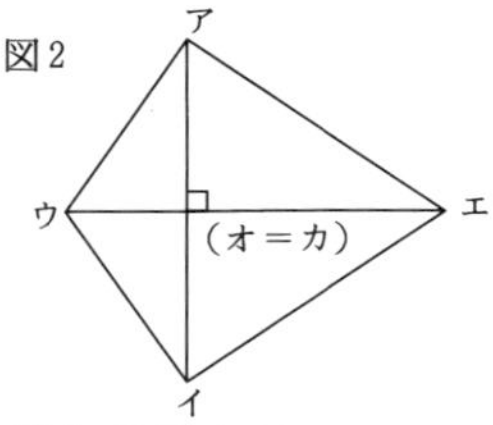

二郎　何で？

父　図1をよく見てごらん．
　　この三角すいを，△ウエオの平面で2つに分けると
　　さっきと同じになるだろう．

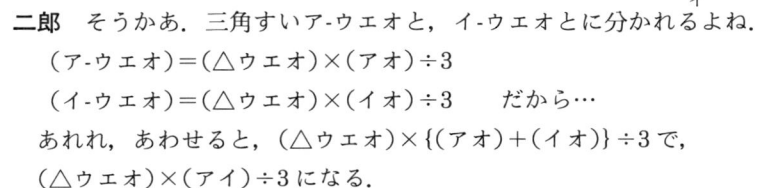

二郎　そうかあ．三角すいア-ウエオと，イ-ウエオとに分かれるよね．
　　（ア-ウエオ）＝（△ウエオ）×（アオ）÷3
　　（イ-ウエオ）＝（△ウエオ）×（イオ）÷3　だから…
　　あれれ，あわせると，（△ウエオ）×{（アオ）＋（イオ）}÷3 で，
　　（△ウエオ）×（アイ）÷3 になる．

父　これを整理すると，△ウエオ＝（ウエ）×（オカ）÷2 だから，÷2と÷3を
　　まとめて，結局，（アイ）×（ウエ）×（オカ）÷6 となるね．

二郎　ふーん．それでさっきの問題1はどうなるんだ
　　ろう．（と右図を書いて考え出す．やがて）
　　　　6×6×6÷6＝36　で出るんだ．なんだかもの悲
　　しいくらい簡単に出ちゃうんだなあ．

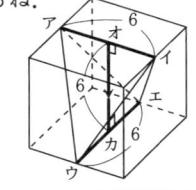

■分配の法則の逆をつ
かってまとめます．

類題
　右図は1辺の長さが6cmの立方体で，M，Nは
辺の中点です．
　このとき，三角すいMNFHの体積を求めなさい．

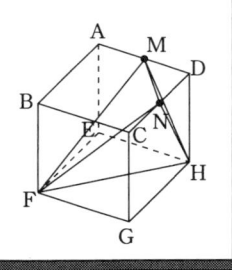

二郎　これは，もう大丈夫だよ．（右図をかく）
　　（アイ）×（ウエ）×（オカ）÷6　だから…
　　あれ，（アイ）や（ウエ）がわからないぞ．

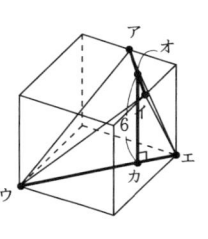

父　真上から見ると，アイとウエは直角に交わってい
　　るのだから，左の図のようになって，（アイ）や（ウエ）
　　は単独ではわからなくとも，（アイ）×（ウエ）は
　　網目の面積の2倍とわかる．
　　よって，{（アイ）×（ウエ）}×（オカ）÷6＝36×6÷6＝**36（cm³）**

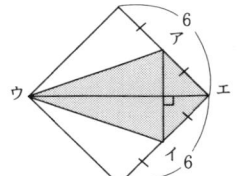

4日目

問題2

右の立体で，辺 AD，BE，CF の 3 辺は，どれも底面の三角形 DEF に垂直です．

このとき，この立体の体積を求めなさい．ただし，∠DEF = 90° です．

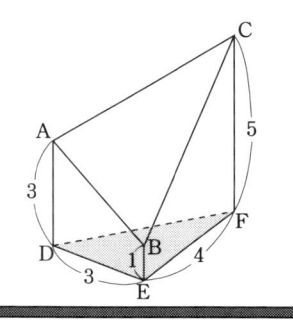

父 今日も問題を解きながら，話を進めよう．

二郎 これこそ，分割して，～すいや～柱の組みあわせで求まる形じゃないの．

まず，底面から 1cm の平面で右図のように切って，立体アと立体イに分ける．

立体アの部分はどんな形なんだろう．

（考える）

ええと，これは，台形 APQC を底面として，頂点が B の四角すいだね．

すると，さらに △BAQ の平面で切って，図 2 のように，立体ウと立体エに分ければいいんだ．

整理しよう．

① 立体イ：底面が 6cm² 高さ 1cm の三角柱，6×1＝6(cm³)

② 立体エ：底面が 6cm² 高さ AP＝2cm の三角すい，6×2÷3＝4(cm³)

③ 立体ウ： はてな？

父 立体ウと立体エをくらべてごらん．立体ウの底面をあ，立体エの底面をいと見た場合，高さは同じになるね．

だから

ウ：エ＝あ：い＝CQ：AP

となる．（図3で台形の面積比を考えよ）

すると，立体ウ＝エ×$\dfrac{CQ}{AP}$＝エ×2

＝8(cm³)

二郎 というわけで，合計は

6＋4＋8＝18(cm³)　になるわけか．結構大変だね．

父 ところで，もとの立体を，おまえは三角柱を切断した形だとわかるかな．

二郎 （図を眺めて）わかるよ．三角形 DEF が底面の三角柱を，ABC でばっ

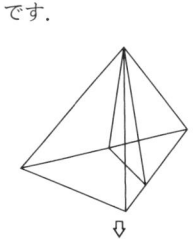

■底面積が $S:T$ で高さが共通な2つのすい体の体積の比は，底面積の比と等しく $S:T$ です．

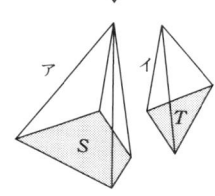

立体ア：立体イ
＝$S:T$

さりやったんでしょう．

父 では右図4のような立体の体積を求めてごらん．

二郎 文字であらわして一般化せよ，ってことね．

立体㋵：底面 S cm², 高さ b cm の三角柱
立体㋲：底面 S cm², 高さ $(a-b)$ cm の三角すい
立体㋒：㋒対㋲が，$(c-b):(a-b)$ になるから……

あっ，そうかあ．㋒は，底面が S cm², 高さが $(c-b)$ cm の三角すいと同じなんだ．

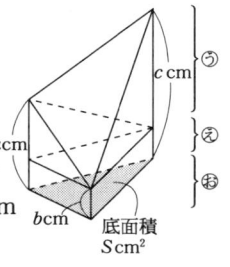

父 まとめてごらん．

二郎 ㋵は，$S×b$, ㋲は，$S×(a-b)÷3$ ㋒は $S×(c-b)÷3$

みんな S が共通だから，S に $\{b+(a-b)÷3+(c-b)÷3\}$ をかければいい．

父 おまえが～～部にかいた式の意味を右の線分図で考えてごらん．

～～部は $(a+b+c)÷3$ になることがわかるかな．

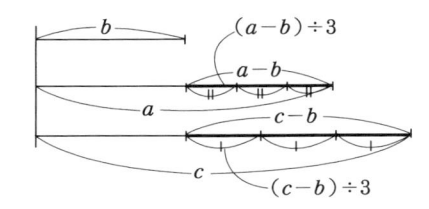

二郎 わかるよ．b をベースにして，それぞれの線分の余分な所（太線部）を3等分して，各自にふりわけたと考えればいいもんね．

父 つまり，この種の立体の体積は，底面積 S に，3本の線の長さの平均をかければよい．

二郎 まさか，問題2は，底面積 $6×\{(1+3+5)÷3\}=18$(cm³) でおわり？ 何だか，かっこいいようで，便利すぎるようで，使っていいのか悪いのか．

父 実はね．

右の図のように三角柱を2つの平面アとイで切った，真中の部分についても，

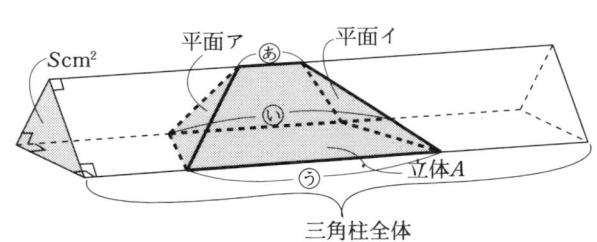

右図で，**立体 A の体積**$=S×($㋐$+$㋑$+$㋒$)÷3$ になるんだ．これを使って，次の問題に取り組んでごらん．

⇨このあたりの式変形は結構きついと思います．式変形をするとどういう結果がでるかという結果を教えておいて，式変形はとばしてもかまわないでしょう．

■$S=3×2÷2=3$ なので，
$3×(2+8+8)÷3$
$=18$(**cm³**) になります．

問題3

真上と真横から見た図が右図のようになる立体 X があります．

この立体の体積を求めなさい．（答は左に）

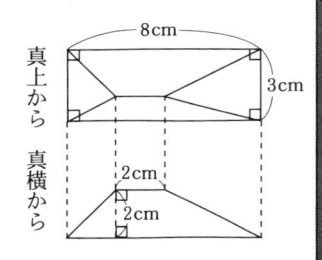

5日目

問題1

右の図で，三角すい P-ABC の体積と，三角すい P-DEF の体積の比を，長さ a, b, c, d, e, f をつかった比であらわせ．

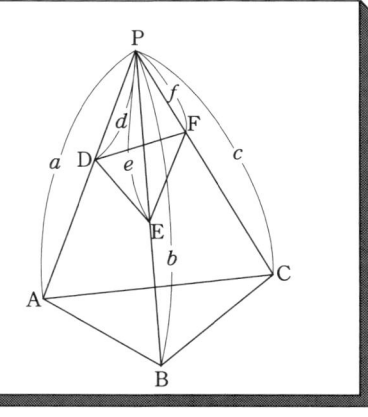

二郎 これはまた，ずいぶんシンプルな問題だなあ．

父 ほとんど，これは '準公式' といってもよいくらいの内容なんだがね．

二郎 （しばらく考えて）2つの立体をくらべてみよう．

	三角すい P-ABC	三角すい P-DEF
底面	三角形 PAB	三角形 PDE
高さ	C から三角形 PAB を含む面に下した垂線の長さ	F から三角形 PED を含む面に下した垂線の長さ

底面積の比は…ええと，これはやったことがあるぞ．

	三角形 PAB	三角形 PDE
底辺	PA	PD
高さ	BB′	EE′

とみると，太線部の相似より，高さの比は

$$BB' : EE' = b : e$$

■ p.41 ③で学習しましたね．

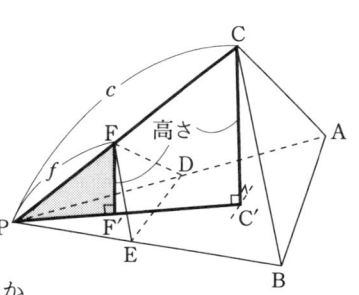

だから，底辺の比が $a : d$，高さの比が $b : e$ となって，面積比は

$$a \times b : d \times e$$

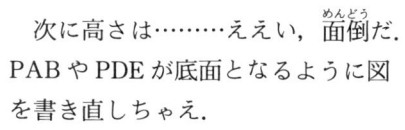

次に高さは………ええい，面倒だ．PAB や PDE が底面となるように図を書き直しちゃえ．

（右図を書いてしばらく考えこむ．しばらくして）

何だ，太線部をよく見ると相似じゃないか．やっぱり，高さの比も，$c : f$ だ．

底面積の比　$a \times b : d \times e$
高さの比　　$c : f$

｝だから，体積の比は

$a \times b \times c : d \times e \times f$ だ．

■分数の形
$\frac{d\times e\times f}{a\times b\times c}$ を暗算で計算して比を出すくせをつけておくと，実戦上，便利です．

父　もう1回右の図を見ながら，頭の中にイメージをつくってごらん．

二郎　三角すいを切断する形の，体積公式の決定版みたいなものだね．

　　1つの頂点Pから出ている3つの辺の長さを，かけあわせたものの比になるんだ．

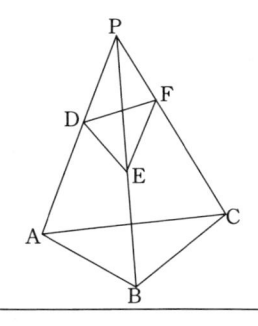

問題2

右の図のような正四角すいP-ABCDを，PBの中点M，PAの中点N，C，Dの4点を通る面で切ります．切断された立体のうち，正方形ABCDを含む方の体積を求めなさい．

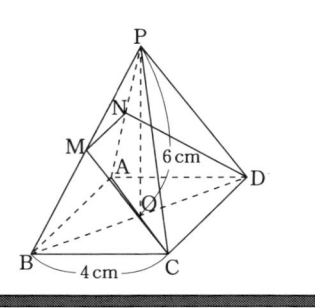

■
実は網目部を底面とする三角柱の切断形を見れば
$(4\times 3 \div 2)$
　$\times\{(4+4+2)\div 3\}$
$=20(\text{cm}^3)$ とも
求まります．

二郎　ひょっとして，P-ABCDとP-MCDNの体積の比は，
PA×PB×PC×PD : PM×PC×PD×PN になってるのかな？

父　いや，実は残念ながらそうなっていないんだ．あの公式は，三角すいの切断形にだけしか通用しないんだ．
　　四角すいの場合には，適用できないんだよ．

二郎　じゃあ，三角形PACのところで，もとの四角すいを真っ二つに分けてそのそれぞれについて調べればいいか．

父　その方針でやってごらん．

二郎　（右の図のように，四角すいの半分ずつの図をかいて考える．）
　　これなら暗算でも出るよ．
　　左の比は
$$\frac{①\times\triangle\!\!\!\!{\scriptstyle 1}\times\boxed{1}}{②\times\triangle\!\!\!\!{\scriptstyle 2}\times\boxed{1}}=\frac{1}{4}$$
　　右の比は
$$\frac{①\times PC\times PD}{②\times PC\times PD}=\frac{1}{2}$$

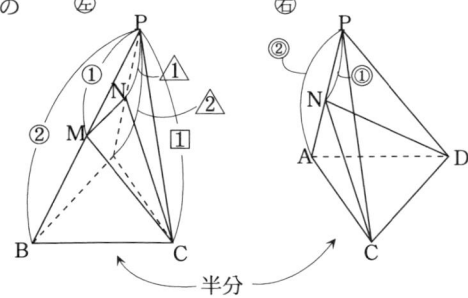

よってもとの四角すいの体積を1とすると，下側の体積は，上側をひいて，
$$1-\frac{1}{2}\times\frac{1}{4}-\frac{1}{2}\times\frac{1}{2}=\frac{5}{8}$$

もとの四角すいは　$(4\times 4)\times 6\div 3=32(\text{cm}^3)$　だから，

下側の体積は，$32\times\frac{5}{8}=\mathbf{20(cm^3)}$　か．

6日目

問題1
右の図1は1辺の長さが6cmの正方形である．これをAM，MN，NAを折り目として折り，図2のような三角すいをこしらえ，三角形AMNを底面としておいたとき，Bから底面までの高さを求めよ．

問題2
右図3で，三角形GMNの面積を求めよ．

（ABCD-EFGH は1辺が6cmの立方体　M，N は各辺の中点）

■問題2は，ほとんどパズルです．軽い気持ちで10分ほど考えたら，答を見ましょう．

二郎　問題1は簡単だよ．前にどこかで見たことがある．

角ABM，角MCN，角NDAはみんな直角だから，実は図2の三角すいの頂点Bのところは，3つの直角がかたまっているんだ．

よって，この三角すいの底面を三角形BMN，高さをABと見ることにより，体積は，

$$\underbrace{(3 \times 3 \div 2)}_{\text{底面積}} \times \underbrace{6}_{\text{高さ}} \div 3 = 9 \,(\text{cm}^3)$$

一方で，この三角すいの体積は，底面を三角形AMNと取ると

（三角形AMNの面積）×（求める高さ）÷3

でもある．

~~~部分は正方形から3つの三角形ABM，ADN，CMNをひいて
$6 \times 6 - (6 \times 3 \div 2 + 6 \times 3 \div 2 + 3 \times 3 \div 2) = 13.5\,(\text{cm}^2)$ だから

$$13.5 \times \boxed{} \div 3 = 9$$

となる．これを逆算で解いて，$\boxed{} = 9 \times 3 \div 13.5 = \mathbf{2\,(cm)}$

父　よくできた．ポイントはどういうことかな．

二郎　三角すいの体積を，どの面を底面と見るかで2通りに表すところさ．

父　そう，ある面を底面と見たときに，簡単に体積が求まる場合がある．そこで，三角すいの体積を仲介にして，別な面を底面としたときの高さが求まるわけだね．

それで，問題2はどうだ．

二郎　それがさ，やさしそうなのに，ちっとも求まらないんだ．

父　（にやにやしながら）これはパズルみたいなものだ．どうやら，見事にひっかかったらしいな．（図3のC-GMNの部分に3cm，3cm，6cmをかきこむ．）ほーら，だんだんとC-GMNは，図2の三角すいに見えてくる………

二郎 （目を丸くしているが）人が悪いよ．何で気づかなかったんだろう．いまいましいなあ！**答えは 13.5cm² なんだ．**

父 以上，体積を中心にしながら立体の勉強をしてきたわけだけれども，ここら辺で今日はきりあげて，あとは，立体どうしのきれいな関係をちょっと見せてあげることにしよう．

二郎 何だい，そのきれいな関係っていうのは．

父 まあ見ていなさい．

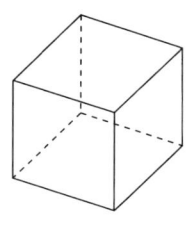

■1つの頂点に3つの直角があつまった三角すいが三直角四面体

■立方体から，4つの三直角四面体を切り落とすと，正四面体ができます．
三直角四面体1つ分は立方体の体積の6分の1なので，正四面体の体積は元の立方体の
$1 - \frac{1}{6} \times 4 = \frac{1}{3}$

（立方体がある） ⇒ （図のような4つの頂点をもつ三角すいをつくると） ⇒ （三直角四面体4つと正四面体1つに分かれる）

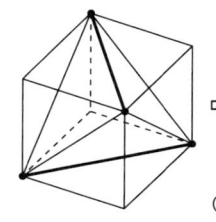

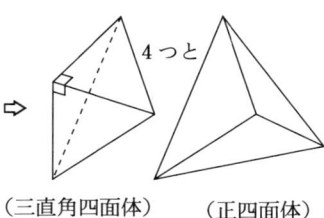

■正四面体の体積は 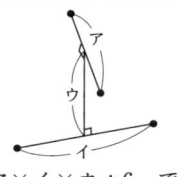
ア×イ×ウ÷6 でも求まります．
（☞3日目）

さて，

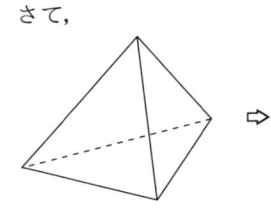

（正四面体がある） ⇒ （図のように6つの辺の各中点を頂点とする立体をつくると） ⇒ （小さい正四面体4つと正八面体に分かれる）

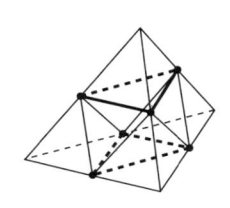

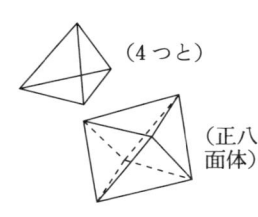

⇨立方体，正四面体，正八面体のこの関係から，いろいろな問題を教えることが可能です．工夫してみてください．

つまり，

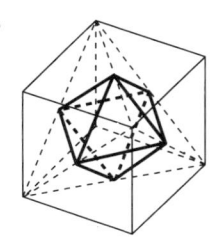

（元の立方体の各面の中心を結ぶと正八面体できるわけだ）

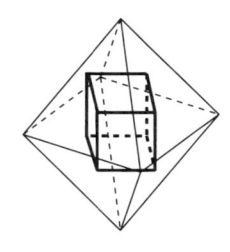

（今度は正八面体の各面の中心を結ぶと立方体ができる）

111

ステージ10
立体の表面積から展開図まで

2つの立体をくっつけたときには,「接着面」の2倍だけ表面積が減る.こんなあたりまえのことも,実際に使うのは難しいものです.こういう事項は「公式」というより,問題に立ち向かう「知恵」のようなものですね.父親は,こうした「知恵」を二郎に伝授しようとします.二郎も自分でも「知恵」を開発しようとして…

1日目

父 受験も近くなってきたけれど,最後まで気を抜かないでチャレンジしていこう.今日からは,これまでやり残した話題をとりあげることにするよ.テーマは'表面積'なんだがね.

■やさしめの問題です.制限時間を3分として解いてみましょう.

問題1

右図のようなたて6cm,よこ10cmの長方形を,図のように3つの部分A,B,Cに切り離した.このときAの周の長さ+Bの周の長さ+Cの周の長さ(3つの図形の周の長さの総和)を求めよ.

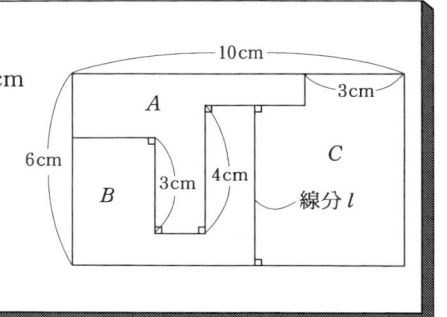

二郎 こんなの簡単そうじゃない.それぞれの周の長さを出して,3つたせばいいんだ.たとえば最も簡単そうなCでは………あれれ,できない!線分 l の位置を決めてくれなきゃできないよ.

父 確かに l の位置が決まらなければ,BやCの形は変わってしまうからね.でも l が左右にちょっとぐらいずれていても,答え(3つの図形の周の長さの和)はいつでも同じなんだよ.

右の図を見てごらん.3つの図形の周の長さの和は,もとの長方形の周の長さとくらべて,どのぐらい増えている?

■右図太線部以外の線はもとの長方形の周の部分です.

二郎 (しばらく考えて)太線の部分さ.わかった.これは,'切りはなしの線'の2倍だね.切りはなした部分が,'両側で'増えるような感じなんだ.

じゃあ，切りはなし線の長さを求めればいいんだ．
右図のようになるから，
- ア，イ，ウの和が7cm
- エ，オの和が6cm

あと3cmと4cmだから，全部で，
7+6+3+4=20(cm)

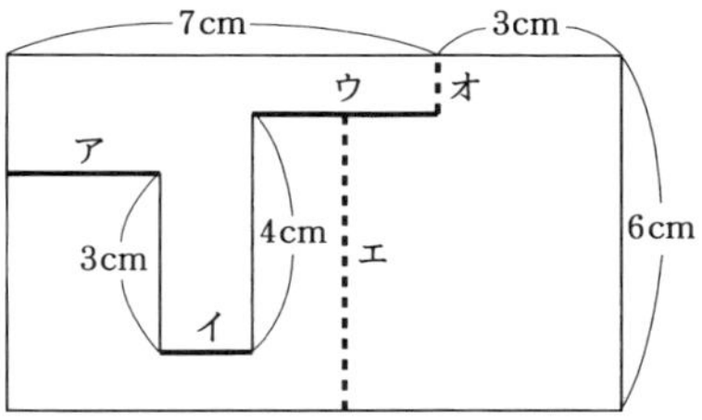

父 それで，もとの長方形の周の長さは？

二郎 もちろん 2×(10+6)=32(cm) さ．これに'切りはなし線の2倍'をたすと，32+2×20=**72(cm)** になる．

まてよ，このあいだ塾の試験で簡単そうではまってしまった問題があったけど，それも同じじゃなかろうか．

■問題1は周の長さの問題．問題2は表面積の問題で一見異なったタイプに見えますが，実は考え方は同じです．

問題2

図1のように1辺8cmの立方体の1つのカドから，1辺4cmの立方体をきりとってできる立体が3つある．これら3つの立体を頂点Aのカドを別のBの部分にはめこむようにして，次々とくっつけたのが図2である．図2の立体の表面積を求めよ．

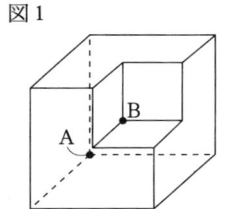

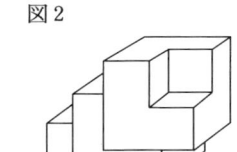

二郎 これ，簡単に解けそうだと思ってあとまわしにしたら，あとで時間がなくなって，すごく口惜しい思いをしたんだ．

でも，問題1と同じように考えれば簡単に解ける．

2つくっつけたとき，重なる部分は，1つの立体で見ると図の網目部分さ．もう1つの立体でも，同じ面積だけが，くっついた部分になってる．

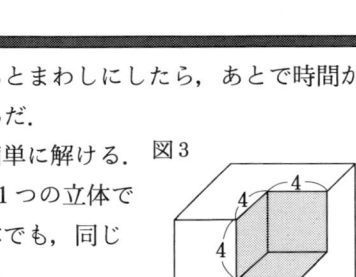

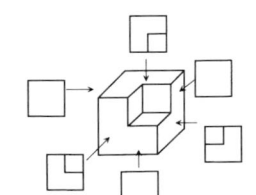

だから，2つの表面積を単純にたしたときよりも，「くっついた部分の2倍」だけ表面積は減るんだ．

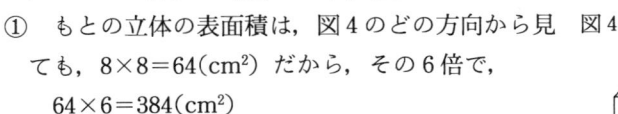

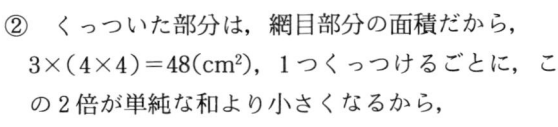

① もとの立体の表面積は，図4のどの方向から見ても，8×8=64(cm²) だから，その6倍で，
64×6=384(cm²)

② くっついた部分は，網目部分の面積だから，
3×(4×4)=48(cm²)，1つくっつけるごとに，この2倍が単純な和より小さくなるから，

答えは， 384×3 − (2×48)×2 = **960(cm²)**

1個の表面積　個数　くっつき部分の数　くっつき部分の面積

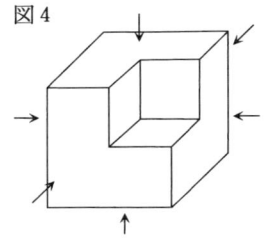

2日目

父 昨日やったことをまとめておこう．実は昨日は同じように見えて異なる2つのことをやったのだ．1つは切りはなす場合，もう1つはくっつける場合．でも，どちらにも同じ原理が働いてた．

イメージⅠ

1つの立体 V を2つの立体 A, B に切りはなすと，A と B の表面積の和は，もとの立体 V の表面積より，切断面の面積の2倍だけ増える．

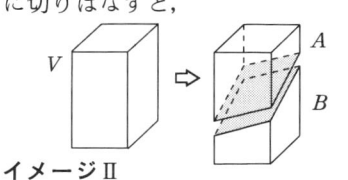

イメージⅡ

2つの立体 A, B をくっつけて1つの立体 V にすると，V の表面積は，立体 A の表面積と立体 B の表面積を単純にたしたものより，'くっつき部分'（図の網目1つ）の2倍だけ減る．

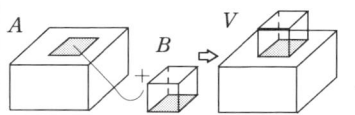

父 以上のことがしっかりわかったら，次の2つの問題に挑戦してみよう．

■問題1は有名な問題です．内側の部分がどうなっているか想像しにくいので，しっかりと確実な方法をマスターすることが大切です．

問題1

下の図1は1辺1cmの小立方体27個を組み立てて1辺3cmの立方体をつくったあとで，各面の中央の立方体6個と，大立方体のまん中の立方体を取り去った図である．この立体の表面積を求めよ．

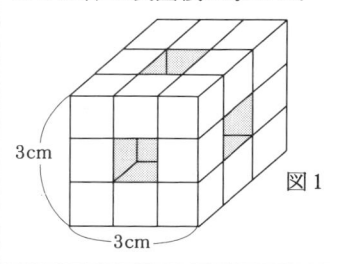

図1

問題2

下の図2のような立体が2つある．この2つの立体のAの部分同士がくっつくようにして新しい立体をくみたてたとき，新しい立体の表面積を求めよ．

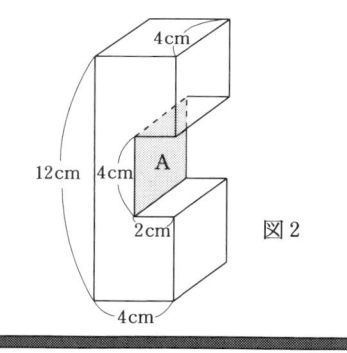

図2

■20個ばらばらの小立方体の表面積の和から，くっついた部分の面積の2倍をひこうという方針をたてたわけです．

二郎 全部で，27－7＝20個の小立方体をくみたてるわけだね．いくつの「場所」（1×1の面）でくっついているんだろう．

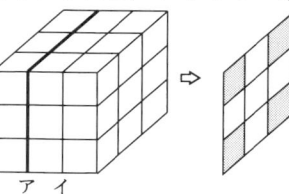

ためしにアの平面のうちくっついている場所は4個だ．イも4個．つまりたて方向は計8個．

よこ方向も高さ方向も8個の部分でくっつ

いているから，小立方体と小立方体とがくっついている面は全部で
8×3＝24（箇所）だ．よって，表面積は
（20個の小立方体の表面積の単純和）－2×（くっつき部分の表面積）
＝20×6－2×（24×1）＝**72(cm²)**

これだと，あとで，「この部分の面積をたし忘れた」とかいってあわてる心配がないね．

■くりぬかれた内側の部分を下図のように

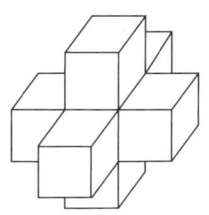

かきぬいて考えることもできます．

父　他にもいろいろなやり方が考えられる．たとえば，まず最初に27個のうち真ん中の立方体だけが空洞になっている立体を考えると，
外側の面積→6×（3×3）＝54(cm²)
内側の面積→6×（1×1）＝6(cm²)
で，あわせると，60(cm²)だね．

次に各面の中央部6個の小立方体をとり去ることを考えよう．

図2のように，1個とり去るごとに4つの面が増えて2つの面が減るから，2(cm²)ずつ増えることになるね．

よって，60＋6×2＝**72(cm²)** となる．

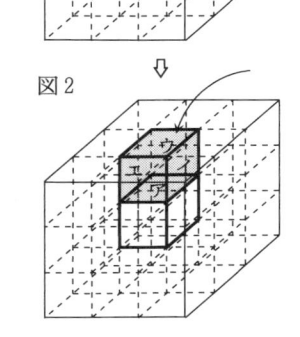

図1

図2

二郎　いずれにしても，
①　もとになる立体の表面積を求めておいて，
②　くっつけたり，切りはなしたりするたびに表面積の増減を考える
という考え方が有効なんだね．

父　問題2はどうだい？

二郎　これも基本にかえって一発だよ．
まず，もとの立体の表面積を求めるのに6方向から眺めると，それぞれ右のようになるから，表面積は
2×（16＋48＋40）＝208(cm²)
に網目部の16cm²をたして224cm²

次に2つをくみあわせたとき，「くっつきの面」を一方の立体で考えると，図の網目部分だから，（向こう側にもあることに注意………オ）．

4×2＋4×2＋4×2＋4×2＋4×4
　ア　　　オ　　　イ　　　エ　　　ウ
＝48(cm²)

よって答えは224の2倍から，くっつき部分の2倍をひいて，224×2－48×2＝**352(cm²)**

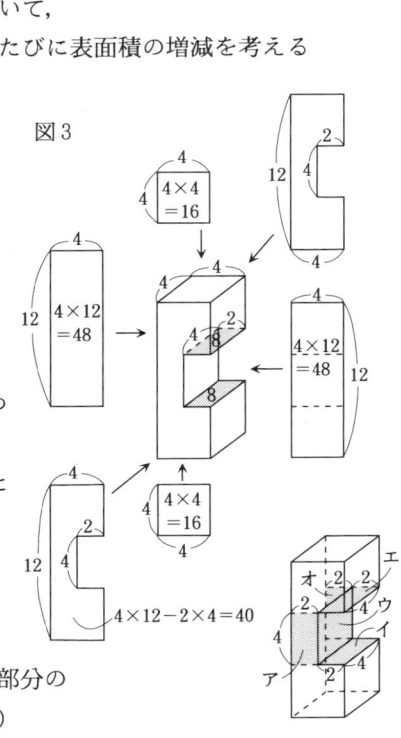

図3

115

3日目

父　今日からは，1, 2日目と似てはいるが，ちょっとテーマの異なった問題を扱うことにしよう．まず手はじめに，次の問題をやってごらん．どれもやさしいから，3題まとめて，制限時間は15分としよう．

■やさしい問題ですが数えることなく，計算でさっと出すようにしましょう．

問題 1

右の図は1辺1cmの立方体72個をつみ重ねてつくった直方体です．

72個の立方体のうち，

（ア）　6つの面で他の立方体とくっついているもの
（イ）　5つの面で他の立方体とくっついているもの
（ウ）　4つの面で他の立方体とくっついているもの
（エ）　3つの面で他の立方体とくっついているもの

はそれぞれいくつありますか．

問題 2

問題1と同じ直方体で，1つの立方体をとりのぞくとき，

（ア）　その立方体をとりのぞくと表面積が4cm²増えるような立方体
（イ）　その立方体をとりのぞくと表面積が2cm²増えるような立方体
（ウ）　その立方体をとりのぞいても表面積が変わらないような立方体

はそれぞれいくつありますか．

⇨このタイプの問題が発展したものは，灘，早実，巣鴨，開成，女子学院など，様々な学校で出題されています．

問題 3

問題1の直方体の表面を青色に塗ってから，全体をばらばらに切り離して，もとの72個の小立方体にするとき，

（ア）　1つの面が青色に塗られているもの
（イ）　2つの面が青色に塗られているもの
（ウ）　3つの面が青色に塗られているもの

はそれぞれいくつありますか．

二郎　1題5分なんて，ひどいや（といいながら考え出す）．

1の（ア）は，外側から見えない部分だね．
表面にある立方体をすべてなくすと，右図のような部分があらわれるけど，これがすべてあてはまるから，　1×2×4＝8(個)　だ．

父　両はじから，たて，よこ，高さ方向各1列ずつきりおとすのだから，(3−2)×(4−2)×(6−2)＝8(個)ということだね．

二郎　1の（イ）は，右図のように，面の中央にある立方体だね．

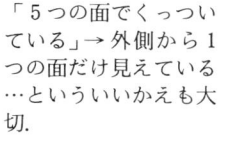

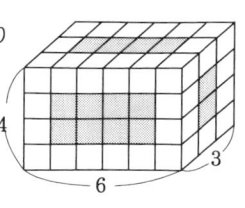

■「6つの面でくっついている」→外側から面が見えない．
「5つの面でくっついている」→外側から1つの面だけ見えている…といういいかえも大切．

たとえば上の面の中央にある立方体は，
$$(3-2)\times(6-2)=4(個)$$
同じようにして全部計算すると，
$$2\times\{(3-2)\times(6-2)+(4-2)\times(3-2)+(6-2)\times(4-2)\}=28(個)$$
ということだ．
(ウ)はどうだろう．右図のような網目部分の部分の立方体だね．これは，各辺の中央部分と関係しているみたいだな．

たとえば，辺アに関係しているところは○印をかいた4つで，これはアの辺の長さ6から2をひいた4だ．

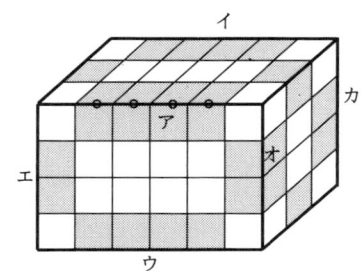

　各辺から，2ずつひいたものをすべてたせばいいんだね．
　6cm，4cm，3cmの辺が各4本ずつあるのだから，
$$4\times(6-2)+4\times(4-2)+4\times(3-2)=28(個)$$
(エ)は………あれ？カドのところということだね．じゃあ，カド(頂点)は8つあるから，**8つ**だ．

　ふー，つかれた．全部あわせると，もとの小立方体72個になっているのかな．　　　8＋28＋28＋8＝72

だから，確かにまちがいなさそうだね．

父　その通り．それで，問題2はどうだい．

二郎　(いろいろな箇所の立方体をためしてみて) 何だ．問題1と同じじゃないか．

父　説明してごらん．

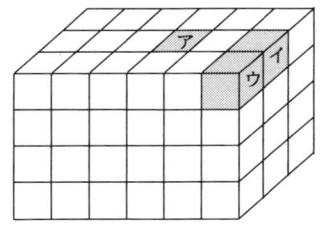

二郎　たとえば，アの立方体をとりのぞくとするよね．すると，アは5つの面でくっついているから，切りはなしたとき，切断面の5cm²だけ立体の表面積は増えるんだ．ところが，表面に出ている1つ(6－5)は，減っちゃうからね．

さしひき，5－1＝4だけ増える．つまり，4cm²増えるのは，問題1の(イ)と全く同じで28個だよ．

(イ)は，4増えて2減るから，計2増える．つまり1の(ウ)と同じで28個．

(ウ)は，3増えて3減るから，表面積の増減なし．つまり1のエと同じ8個．
　　問題1と問題2は全く同じ意図だったんだね．
　　すると実は問題3も………

父　その通り．
1つの面が青色に塗られている⇨他の5面が別の立体とくっついている
2つの面が青色に塗られている⇨他の4面が別の立体とくっついている
3つの面が青色に塗られている⇨他の3面が別の立体とくっついている
というように考えれば，問題1と全く同じことになって，それぞれ28個，28個，8個だね．では明日，応用をやることにしよう．

4日目

■小さな立方体で大きな立体を構成する問題です．

問題1は基本的ですが，問題2は，やさしそうなのに，なかなか答えがあわない人も多いでしょう．

問題1

1辺1cmの立方体27個を，1辺3cmの立方体状につみあげた右の立体について，まず面ABCD, BFGC, CGHDの3つの面を青く塗り，残りの3面を赤く塗った．さらにこの立体を元の27個の小立方体に切りはなし，まだ色が塗られていない部分を黄色く塗った．このとき，3色で塗られている小立方体は全部でいくつありますか．

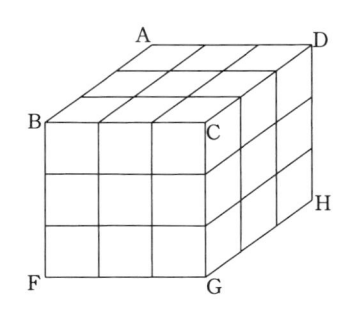

問題2

右図のように1辺1cmの立方体62個を積み上げてできた立体があります．この立体の表面を青く塗り，ついで62個の立方体をばらばらにしたとき，'2つの面だけが青く塗られている立方体' はいくつありますか．

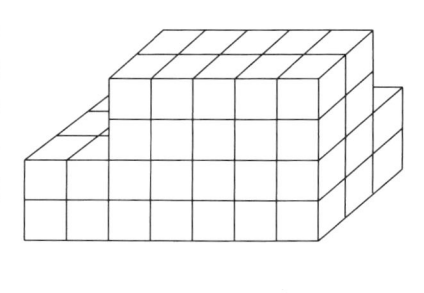

父 やさしいようで間違えやすい，変な問題だ．問題1はどうかな．

二郎 （しばらく考えて）すべての小立方体は，どこかで他の小立方体とくっついていて，そのくっついている面は黄色で塗られることになるんだ．

だから，27個の小立方体はすべて，「少なくとも1つの面」は黄色で塗られているんだ．

つまり………青と赤で塗られている立方体をさがせばいいわけだ．

これは，A, B, F, G, H, Dの各頂点のところの立方体と，赤と青の面が接してできる辺の真ん中（辺 AB, BF, FG, GH, HD, DAの真ん中）の1個だから，

$$6+6=12(個)$$

本当にこれでよいのかな？

父 別のやり方で確かめてみよう．

赤色では塗られない小立方体は何個あるかな．

二郎 （少し考えて）右図の太枠内の小立方体だから，$2 \times 2 \times 2 = 8$(個) だよ．

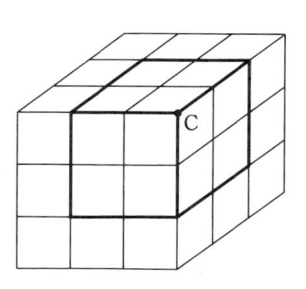

父 では，青では塗られない小立方体は？

二郎 同じだよ．向こう側の見えない部分で8個だ．

父 では青でも赤色でも塗られない小立方体は？

二郎　もちろん，真ん中の1個さ．そうか．すると，
　　　「青または赤で塗られない小立方体」は，8＋8－1＝15(個) なんだ．
　だから，答えは 27－15＝**12(個)**
　　　これなら結構あっさりと出るね．
父　問題2は見えない部分があるから，ミスをしないように気をつけてやってみよう．

■上から1段，2段と整理していくのは，基本的な考え方です．

二郎　(しばらく考えてうまい方法を見つける．) ねえ．わかったような気がするよ．まず全体を上から1段目〜4段目に分けるんだ．
　そして，全体の立体は，1段目から4段目の4個の立体をくっつけたものと考えるんだ．
　くっつける前，1段目から4段目の立体それぞれに，「外側に出ている面」が何個あるかを書きこんだものが右の図さ．
　次に各段の立体をくっつける．
　くっついたところは，「外側に出ている面」が1つ減るよね．

- 1段目は2段目とくっつくから，各立方体の「外側に出ている面」はすべて1ずつ減る．
- 2段目は，上の1段目と，下の3段目とくっつくから，各立方体の「外側に出ている面」はすべて2ずつ減る．
- 3段目は，太枠内の立方体が上面とくっついて1ずつ減り，あとはすべて4段目ともくっつくから，
  - ■太枠内の立方体は「外側に出ている面」が2ずつ減り．
  - ■その他の立方体は「外側に出ている面」が1ずつ減る．

■各段ごとにわけておいてから，「くっつけたときの増減」を考えるのは，1日目，2日目でも扱った定石です．

- 4段目は3段目とくっつくから，各立方体の「外側に出ている面」は1ずつ減る．

以上，説明すると大変なんだけどさ．理屈さえのみこんでしまえば，ぱーっと計算するだけだよ．
　よって，各立方体の「外側に出ている面」の数は，点線枠内のようになるから，「2つの面だけが外側に出ている立方体」は数えると30個．
　よって，2つの面だけが青く塗られている立方体も 30個になる．

5日目

父 立体というのは実に奥が深い．まだまだいろいろなタイプの問題があることには本当にお父さんも驚いたよ．そうした，ちょっと変わった問題をこれから2日でやってみよう．

> **問題1**
> ① 立方体を展開するときは，いくつの辺を切断すればよいですか．
> ② 正八面体を展開するときは，いくつの辺を切断すればよいですか．

■これがやさしいと思う人は，いきなり「正十二面体」や「正二十面体」に挑戦してみましょう．

二郎 立方体の展開図っていっても，いろいろじゃない．ええと，何種類あるのかな．

父 11種類だよ．

⇨実は，立方体の展開図の種類は11種，正八面体の展開図の種類も11種というように立方体と正八面体は対になっています．

二郎 書きあげてみよう．

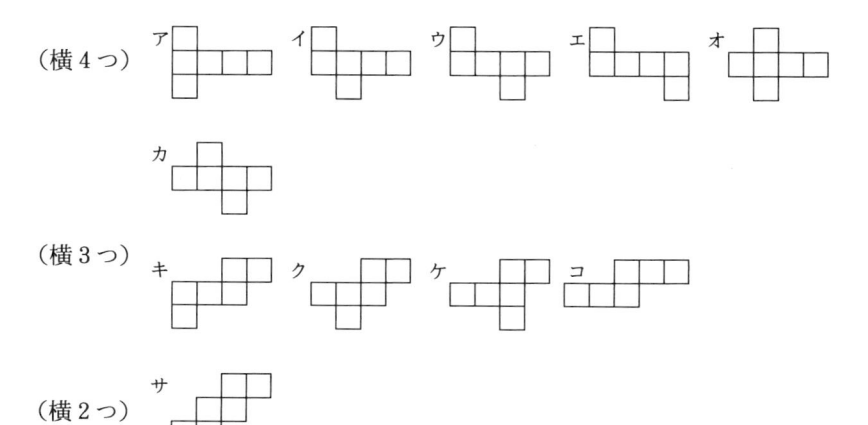

(横4つ) ア　イ　ウ　エ　オ

カ

■これらの展開図11種類はぱーっと書きあげられるようにしておきたいですね．

(横3つ) キ　ク　ケ　コ

(横2つ) サ

うーん，これ以上は見つけられないから，確かに11種類らしい．でも，切りひらく辺の数はみな同じなのかな．

父 たとえば，アの展開図をつくるには，立方体のいくつの辺を切ればよい？

二郎 たとえば，右図1のように3枚の正方形がくっついているとき，太線部分を切りはなすと，図2のように，切りはなされた辺が2つになるよね．

アの展開図では，はじめAの2つの辺，Bの2つの辺，………，Gの2つの辺同士の7組が互いにくっついていたんだ．

その7組を切りはなせばいいんだから，切断箇所は7箇所．

まてよ，周上の辺はどれも2つずつくっついていたはずだから，切断箇所は，

　　(周の長さ)÷2　で求まるんじゃないかな．

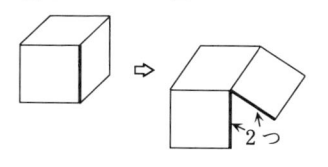

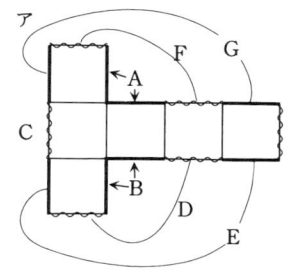

■1辺＝1とします．

父 その通り．では，イ～サについても周の長さを計算してごらん．

二郎 （一つ一つ数えてみて）へえ，どれも14だ．何だか不思議だね．何かわけあるのかな．

父 はじめに正方形6個がばらばらな状態を考えてごらん．各正方形の周の長さの総和は，4×6＝24 だね．

これを右下図のように1つくっつけると，…

二郎 くっついた部分は2つの辺だから2個減って，24－2＝22 になるよ．

そうか．正方形6つをくっつけるには，5か所でくっつければいい．

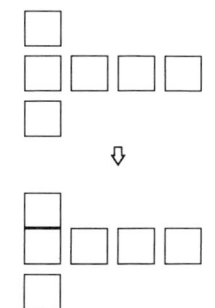

1か所くっつけるごとに2つの辺がくっついて減るから，全部で2×5の10個の辺がくっついている．そこで，まだくっついていない（表に出ている）辺は，24－10＝14（個）となるわけなんだ．

つまり，立方体の展開図をつくるとき，切断箇所は常に 14÷2＝7 だね．

父 そこまでわかれば，正八面体の場合も簡単だろう．

二郎 もう，わかったよ．

正八面体は正三角形の面が8つある．この8つの正三角形の辺は，8つがばらばらな状態では全部で，

8×3＝24（個）ある．

この8つの面をくっつけると，2本の辺が7箇所でくっつくことになる．

よって，24－2×7＝10（個）の辺が周上にあるんだ．

切りはなす箇所は，10÷2＝5（箇所）だ．

父 同じようにして，正二十面体や，右図のような立体についても，展開図をつくるのに何本の辺を切りはなさなければならないか調べてごらん．

二郎 正二十面体っていうのは，正三角形が20個だよね．それさえ知っていれば簡単さ．

3×20－2×(20－1)＝22

22÷2＝11

だから，11本の辺を切りはなせばいいんだよ．

ところで右図の立体って，どんなやつだい？

父 立方体の各頂点から，図2のような三角すい8つを切りおとしたものさ．

二郎 正方形が6つ，正三角形が8つあるね．

面の数は全部で，6＋8＝14 だ．

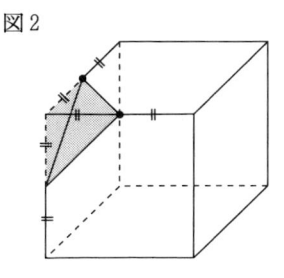

だから，各面がばらばらな状態の辺の数は，6×4＋8×3＝48（本）．これからくっつき箇所の2倍をひいて，48－2×(14－1)＝22．

これが展開図の周上の辺の数だから，切りはなすのは 22÷2＝**11**（箇所）．

図1

図2

■立体の辺の数×2は，各面をばらばらにしたときの辺の数の総和になるので，展開図をつくるとき切りはなす辺の数は
{立体の辺の数×2－2×(面の数－1)}÷2
＝辺の数－面の数＋1
となります．

6日目

■正八面体には12本の辺がありますが

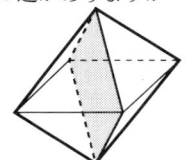

それらは3組の正方形の辺となります。逆にいえば、正八面体とは3つの正方形をくみあわせてできる立体というようにとらえることもできます。

問題1

右図のような正八面体の辺のうち，4本の太線がひいてある．

この4本の太線は，右の展開図上ではどうなっているか，かきこみなさい．（一部分はかいてある）

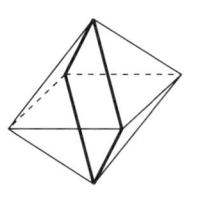

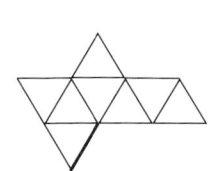

問題2

右図のような立方体の上に3本の太線がひいてある．

この3本の太線は，右の展開図上ではどうなっているか，かきこみなさい．（一部分はかいてある）

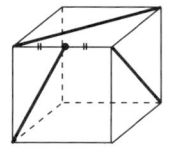

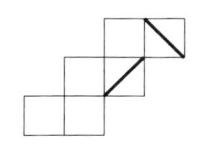

二郎 よく見るタイプの問題だね．もちろん，展開図をつくって，くみたててからまたばらせばわかるんだろうけど，試験場ではそれができない．

でも，単に想像力に頼ろうとすると頭がごちゃごちゃしてきて，それもわからない．何かよい方法はあるのかな．

父 こういう場合はね．全体をいっぺんに想像するとわけがわからなくなるから，一部分を考えて規則性を発見するといいんだ．

二郎 でも規則性っていったってねえ．どんな規則性なんだか．

父 展開図の中に右図1のような部分があったとしよう．

この部分をくみたてると，下図2のようになる．

太線部分に注目してほしい．上の図で ⌐‾¯⌐ の形をしていた部分が，下図では一つの平面上（正方形の3辺）になっているだろう．

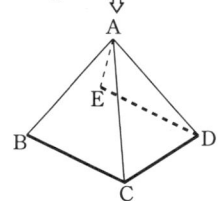

二郎 つまり，問題1の左図の太線は，正方形の4つの辺っていうことか．

じゃあ，右図でアの辺からスタートして， ⌐‾¯⌐ の形をした部分をどんどんつないでいけばいいんだ．

（しばらく図にかきこんでいるが）

結局右のようになるね．120°の角度で折れまがっている線をみなつないでいけばいいんだ．

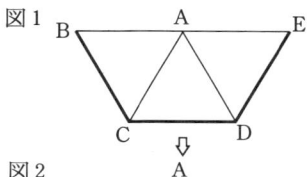

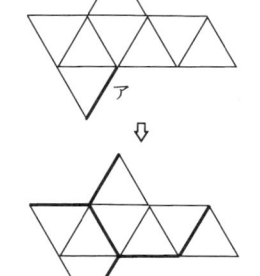

父 他にも，有効な方法がいくつかある．まとめておこう．

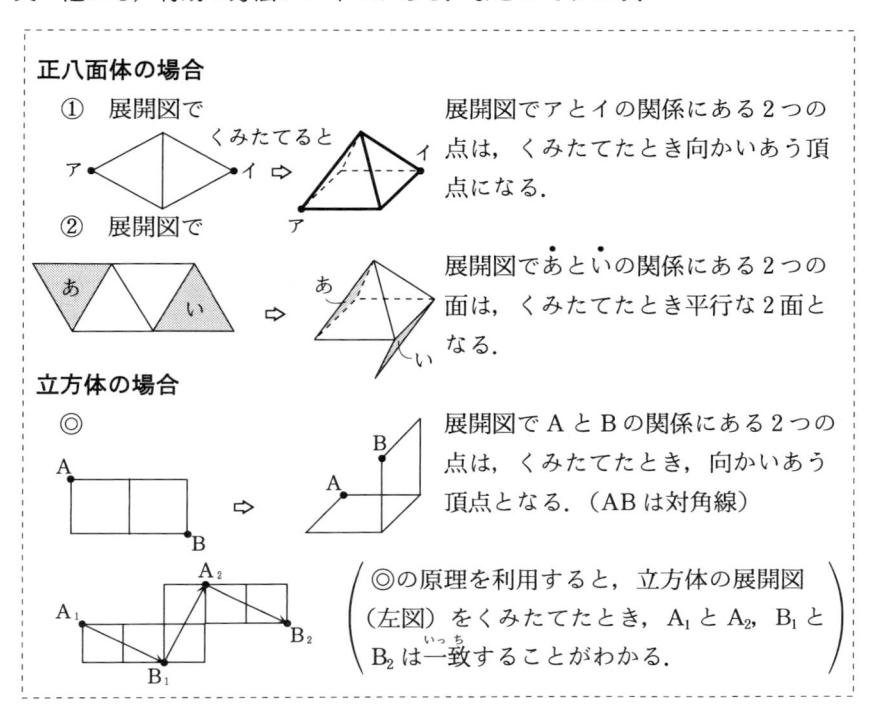

正八面体の場合

① 展開図でくみたてると　展開図でアとイの関係にある2つの点は，くみたてたとき向かいあう頂点になる．

② 展開図で　展開図であといの関係にある2つの面は，くみたてたとき平行な2面となる．

立方体の場合

◎　展開図でAとBの関係にある2つの点は，くみたてたとき，向かいあう頂点となる．（ABは対角線）

（◎の原理を利用すると，立方体の展開図（左図）をくみたてたとき，A_1とA_2，B_1とB_2は一致することがわかる．）

さて，問題2だが………

二郎 とりあえず，模様のかいてある3つの面だけを展開してみると図2のようになるよね．

この図2に残りの3つの面をくっつけて，図3のようにしてみたんだ．

これを何とか利用できないかな．

父 よし，やり方を教えよう．よく見ていなさい．

（下の図をかく）

図1

図2

図3

答

■この「回転」の方法は便利ですので，いろいろな場合につかいこなせるようにしておきましょう．

たとえば5日目の立方体の展開図11個は，すべて「ア」から出発して，この「回転方式」でつくることができます．

二郎 ふーん，うまく回転して，別の展開図に直したんだ．何でそんなことができるの．

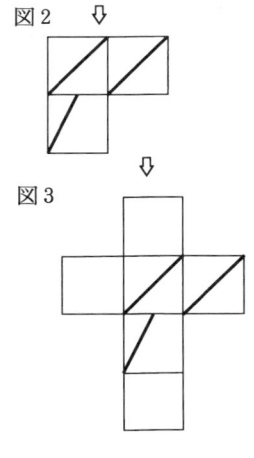

父 のような形があるとき，太線アはくみたてたとき太線イとくっつくから，●印の点を中心にしてアがイに重なるように回転移動してもいいってことさ．

以上2通りの手法を見てきたけど，展開図の問題は慣れるまでは大変だね．

ステージ11

見当をつける

最後まで整理整頓が苦手で，大まかな性格だった二郎にも，最後の最後に本領発揮の月がめぐってきました．答えを大雑把に見つもり見当をつけるだけなら得意中の得意．気持ちよくすいすいと問題を解いた二郎は，「チャレンジ精神」で入試に立ち向かってこいといわれて入試本番にのぞむ決意をします．

1日目

二郎 いよいよ受験が近くなってきた．この時期になると，かえってひらき直っちゃうところがあるね．やり残したことを全部やろうとしても，もう無理だからね．

父 だからこそ，最後まで1つ1つのポイントを固めていくことが大切なんだよ．今日のポイントは，おまえには向いているかもしれんな………テーマは「大雑把感覚」っていうんだ．

二郎 何だい，そのオオザッパカンカクって．

父 おおよその見当をつけるってことだよ．

二郎 ヤマカン，アテハメの世界なら，まかしてくれてもいいよ．

父 まあ，すべてヤマカンでやられては困るんだが．とりあえず，問題を解いてみようか．

■難関校志望のみなさんなら3分ほどで確実に解いてもらいたい問題です．

> **問題1**
> 2けたの整数 a の一の位の数を b とする．b が0でないとき，分数 $\dfrac{a}{b}$ がもっとも10に近いときの2けたの整数を求めなさい．
>
> （91 久留米大附設中）

二郎 まあ，悪くても，2けたの整数90個すべてをためせば，答えは出るってことか．うーん，ヤマカンで $\dfrac{67}{7}$ っていうのはどう？

父 たしかに，10に近いね．でも，もっと10に近い例をあげることができる．たとえば $\dfrac{78}{8}$ は，もっと10に近い．

二郎 （計算してみて）本当だ．じゃあ，もう答えはわかったよ．

$\frac{89}{9}$ が1番10に近いから，89が答えだね．

父 何で89だと，すぐにわかるんだね？

二郎 だって，例をしばらくながめていれば明らかだよ．

6を分母とする分数では $\frac{60}{6}$ の近辺で，分子の1の位が6のものをさがして $\frac{56}{6}$ でしょう．7のときは $\frac{67}{7}$，8のときは $\frac{78}{8}$，………というわけさ．

10との違いは，順に $\frac{4}{6}$, $\frac{3}{7}$, $\frac{2}{8}$, ………となるから，次の $\frac{1}{9}$ のとき，10とのくいちがいが最小になるんだ．

父 $\frac{60}{6} = \frac{70}{7} = \cdots\cdots = 10$ というところに目をつけたのは，さすが大雑把なおまえの発想だな．そういう見当がつけられるのとつけられないのでは，問題を解くのにエラい差が生じるんだ．………次の問題はどうだい．

■ 2けたの数 a を，$10 \times m + b$（m は一けたの整数）とおくと
$\frac{10 \times m}{b} + 1$ が約10
↓
$\frac{10 \times m}{b}$ が約9
↓
$\frac{m}{b}$ が約0.9
↓
$m : b = 9 : 10$ 位
といいかえて，1けたの整数で最も10 : 9に近い2数をさがすこともできます．

問題2
ある数を17倍してから小数第1位を四捨五入した数は，ある数の小数部分を四捨五入してから17倍した数より，5大きいという．このような数の1つは 6.□9 である．□にあてはまる1けたの数を求めよ．

父 まず，おまえの'ヤマカン'ではどうだ．

二郎 （30秒ぐらい問題を眺めてから）「2」だよ，答えは．

父 （びっくりして）何ですぐにわかるんだ？

二郎 'ヤマカンの帝王'だからね．0.□9 を17倍すると，だいたい5になるってことでしょう．0.3の17倍が5.1だから，まあ，0.3に近いのは0.29だなと………

父 あっているよ．おまえの'ヤマカン'にも呆れたものだな．論理的に説明すれば，次のようだ．

もし□が5以上だとすると□は'五入'になってしまい，17倍してから四捨五入するより，'五入'してから17倍した方が大きくなってしまう．

こんなことはありえないから，□は0～4のどれかだね．

このとき，6.□9 を17倍してから四捨五入すると，$6 \times 17 = 102$ より5だけ大きいというのだ．つまり，0.□9×17 は，4.5以上5.5未満ということになる．

$$4.5 \div 17 = 0.264\cdots$$
$$5.5 \div 17 = 0.323\cdots$$

だから，このあいだをさがすと，0.29があてはまるというわけだ．でも，こういう論理的な説明はちょっとくどいね．おまえのように大雑把にやった方が，この場合はすっきりするな．

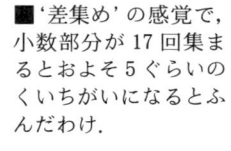

■ '差集め'の感覚で，小数部分が17回集まるとおよそ5ぐらいのくいちがいになるとふんだわけ．

2日目

■①は有名すぎるぐらいの有名題です．答えを知っている人も多いでしょう．

テスト

① $\frac{1}{ア}+\frac{1}{イ}+\frac{1}{ウ}=1$ であり，ア，イ，ウはすべて異なる整数である．ア＞イ＞ウのとき，ア，イ，ウをそれぞれ求めなさい．

② 下の虫喰い算を解きなさい．

```
      □ □ □
　×     □ □
    ─────
      □ □ □
    □ □ □
    ─────
    8 3 0 □ □
```

③ 消費税が7％の国では，買物をしたときに払うことのない最小の金額は □ 円である．
（ただし，この国の貨幣は円であり，小数点以下は切りすてられるものとする）

父のコメント：①は頻出問題だ．見たことがあれば，とばしてもよいだろう．②，③は，おまえに向いているかもしれない．

二郎　「おまえに向いている」だって？つまり，例の大雑把感覚で解けということだな．まあいいや，①からやろう．どこかで見たような気もするけど，よくおぼえてないからね．（①にとりかかる．しばらくして）

何だ．ウはすぐに**2**に決まっちゃうんだ．もしも3以上なら，アもイも3以上で，$\frac{1}{ア}$, $\frac{1}{イ}$, $\frac{1}{ウ}$ はどれも $\frac{1}{3}$ 以下になっちゃうから，1に届かないもんね．

■分母が大きすぎると分数が小さくなって，3つあつめても全体で1にはならないな，という感覚が大切です．

すると，ウ＝2だから，$\frac{1}{ア}+\frac{1}{イ}=1-\frac{1}{ウ}=\frac{1}{2}$ だ．ここから，さっきと同じようにできるのかな？

もしもイが4以上だと，アも4以上だから，$\frac{1}{ア}$ も $\frac{1}{イ}$ も $\frac{1}{4}$ 以下になって，たしても $\frac{1}{2}$ に届かないよ．だからイ＝**3**，あとは引き算で

$$\frac{1}{ア}=\frac{1}{2}-\frac{1}{イ}=\frac{1}{2}-\frac{1}{3}=\frac{1}{6}$$ よりア＝**6**だ．

何だかあっけなくできたぞ．まあ受験も近いし，自信にはなるけど………

■よく出るタイプの虫喰い算です．

②は面倒そうだな．（しばらく考えている）そうか．オレのアテカン作戦が通用するかも．（右のように記号をふる）

3けた×2けたが5けたになって，しかも5けた目の数がかなりでかいんだ．

900×90＝81000だから，これでも届かない．アもエもきっと，8か9だね．

```
      ア イ ウ
　×     エ オ
    ─────
      カ キ ク
    ケ コ サ シ
    ─────
    8 3 0 ス セ
```

126

まてよ．アイウ×オがカキクになってる．もしもオが2以上の数だったら，アイウ（800以上）にかけると4けたにくりあがっちゃうはずだから，オは1できまり．

するとエオは81 じゃあアイウを999 にしても830スセには届かないから，91に決まり．

もう1回筆算を書いてみよう．（右図をかく）

アが8だとアイウは最高でも899

900×91でも81900で目標に届かないから

アは9で決まりだ．（図を見ている）

ええい，面倒だ．900×91＝81900を全体からひいちゃえ．（右下図をかく）

ともかく，91に何かかけたら11□□の形になったってことだ．

91×12＝1092，91×13＝1183だから，イウは13しかない．

もう決まりだね，答えは，

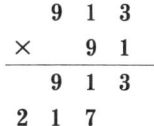

```
    9 1 3
  ×   9 1
  ─────────
    9 1 3
  8 2 1 7
  ─────────
  8 3 0 8 3
```

	ア	イ	ウ
×		9	1
	ア	イ	ウ
ケ	コ	サ	シ
8	3	0	スセ

⇓

		イ	ウ
×		9	1
		イ	ウ
	□	□	□
	1	1	スセ

③は………あまり消費税にはあがってほしくないけどなぁ．（次の図をかく）

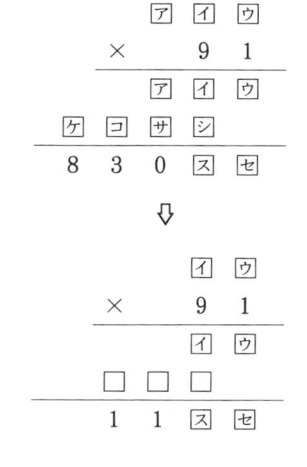

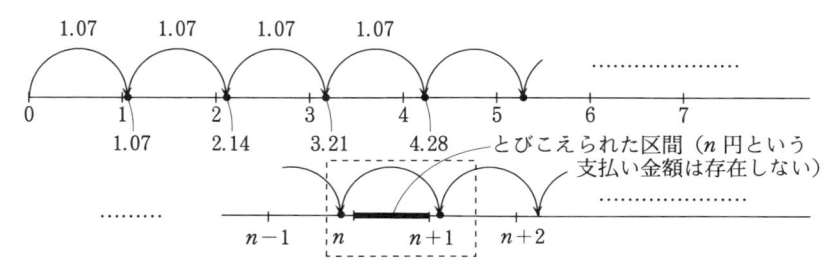

■ n 円という支払い金額がないということは，

1.07×整数

の中に n.○○○ という形のものがないということです．

これを数直線で考えると，0から1.07ごとに区切りを入れたとき，n と n+1 のあいだには区切りがない，ということになります．

つまり，数直線を1.07ごとに区切っていったとき，はじめてとびこえられる区間はどこかってことだね．

矢印は，1や2のような区切りのいいところから，0.07ずつ右にずれていくから，だいたい14個か15個集まると，右に1以上ずれるな．

じゃあ，14×1.07と15×1.07を調べてみよう．

14×1.07＝14.98

15×1.07＝16.05

だから，案の定15.… がないぞ．

つまり，**15円という支払い金額はないんだ．**

3日目

父 大雑把感覚の問題は，応用問題にも時たまある．今日は，そうした応用題から，特に大雑把にできるものをやっていこう．

二郎 みんな大雑把感覚でできるもんなら，オレは数学の天才になっちゃうよ．

父 数学では大切な感覚なんだが，中学入試では意外と少ないのが難点だな．次の問題を解いてみてごらん．

> **問題 1** 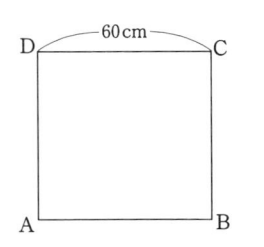
> 1辺60cmの正方形ABCDがある．いま，動点PはDを出発し，D→A→B→C→D→…の順に毎秒4cmで，動点QはPと同時にAを出発し，毎秒7cmでA→B→C→D→A→B→…の順に動き出した．2つの点が出発後はじめて同じ辺上にくるのは何秒後か．

父 まあ，P，Qを人としてみよう．Q君の方がP君よりも速いのだから，Q君の立場にたって考えてごらん．

二郎 オレがQ君だったらね．カド（頂点）にくるたびに，'前方にPはいるかな'って見わたしてみるね．

父 「前方にPがいる」ということを言いかえると………？

二郎 「差が60cm以内にちぢまった」ってことだね．

父 差が60cm以上のとき，二人が同じ辺上にいるってことはあるかな．

二郎 ないよ．

どうやら，オトクイの「大雑把感覚」の出番のようだね．この問いの答えは，「二人の差が60cm」になるまでの時間と大体一致する．

スタートしたときは速いQは遅いPよりA－B－C－Dの180cm後方にいるから，差が60cmになるまでの時間は，簡単な追いかけ算で出る．

$$(180-60) \div (7-4) = 40 \text{（秒）後}$$

つまり，40秒後までは，少なくとも二人が同一辺上にいることはないんだ．

まてよ．この40秒後に二人はどこにいるんだろう．

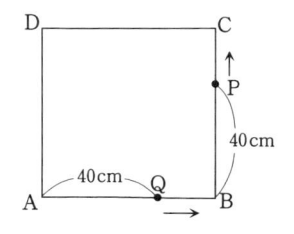

$40 \times 7 = 280$，　$280 \div 60 = 4 \cdots 40$

$40 \times 4 = 160$，　$160 \div 60 = 2 \cdots 40$

だから，Qは4辺と40cm進み，Pは2辺と40cm進んでいるんだ．（右図をかく）

ああ，わかったよ．この次にQがカドのところまできたとき，二人の差は60cm以内だから，次のカドで決まりさ．次のカドはBまで20cmだから，答えは，$40 + 20 \div 7 = \mathbf{42\dfrac{6}{7}}$（秒後）だ．

■別解は次のようです．
速い方のQは，出発後n番目の頂点に来るまでに
$60 \times n \div 7$（秒）
かかります．
このとき，PはQの
$180 - 3 \times (60 \times n \div 7)$
前にいます．
この値が60より小さいようにnを決めると
$3 \times (60 \times n \div 7)$
が120より大きいから
$\dfrac{60}{7} \times n$ は40より大
従ってnは
$40 \div \dfrac{60}{7} = 4\dfrac{2}{3}$
より大きな整数なので5以上です．
よって$n = 5$のとき
$60 \times n \div 7 = 42\dfrac{6}{7}$
秒後です．
でも右の解の方が簡単ですね．

⇨ 類題は麻布，鎌倉学園など多数校に出ています．
かつて駒場東邦で少し似たものが出ましたが，それは，難しすぎました．
（教師でも制限時間内に完答できる者はほとんどいないぐらいの難しさでした）

問題 2

右の表はA君，B君，C君の3人がそれぞれ作業X，作業Yにかかる時間をあらわしている．

	A	B	C
作業X	4分	5分	7分
作業Y	6分	4分	5分

さて，A〜Cの3人全員が作業をおわらすまでに最低何分かかるか．ただし，どちらの作業も，同時にできるのは一人だけである．（みな仕事はXを先にやるものとする）．

二郎 どういうことなのかな．作業にとりかかる順番によって，作業をおわらせるまでの時間がちがうってことか．

じゃあ，A，B，Cの順だったら，どうなるんだろう．（右図をかく．）

これだと，スタートしてから
$4+5+7+5=21$（分）
で作業が終わることになる．

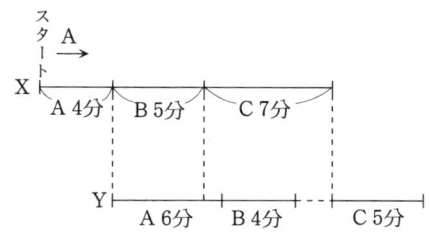

父 もっと短い時間で作業を終わらせることはできるんだろうか．もちろんA，B，C3つの並べかえ（6通り）をすべてためせば答えは出るんだけれど，それじゃあ，ちょっと面倒くさいね．

二郎 オレのヤマカンの出番ってわけだね．

図を見ているうちに，1つ気づいたことがあるんだ………．

父 ほう，何だい．

二郎 スタートから作業Xを終えるまでは，どんな順番でやっても
$4+5+7=16$（分）かかるんだよ．A，B，CがXにかかる時間を，たすことになるからね．

だから，16分＋'最後の人がYにかかる時間'だけは最低でもかかることになる．

'最後の人'で一番Yにかかる時間が短いのはBの4分だから，
$16+4=20$（分）が最短時間じゃないかな．

父 うん．おまえのヤマカン作戦は，そこまでは大変さえているよ．あとは，具体的に20分でできる例をさがせばいいわけだな．

二郎 すると，Bが最後ってことになるね．

C→A→Bの場合をためしてみよう．
（右図をかく）

だめだ．まち時間が出て，22分もかかっちゃう．

じゃあ，A→C→Bの場合は？
（右下図をかく）これだと20分で大丈夫だね．だから答えは **20分** なんだ．

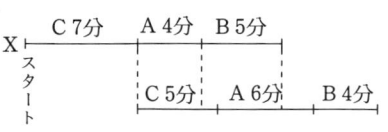

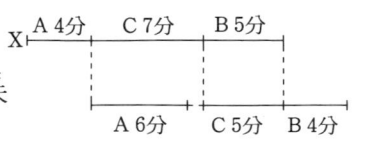

129

4日目

父　おおよその見当をつけるという問題はこのぐらいにして，これから難問への取り組み方の講義をしよう．

実は，問題に具体的な数値をあてはめてみることで，問題の要求がよくわかることが多い．

おまえがもっている「日日のチャレンジ演習」に出てくる問題だが，このあいだ父さんが見たら，まだおまえはやっていないようだから，出してみよう．次の問題はどうだね？

⇨「日日のチャレンジ演習」p.104 の 108 番です．

> **問題**
>
> 生徒40人のクラスで希望者に花の種をみな同数になるように配ることにしました．はじめ，希望者に配ったところ種は全部なくなりました．ところが，あとで希望者が3人増えたので配り直したところ，種は18粒余り，あと1粒ずつは配れませんでした．このとき先生は，「あと3人分はないけれども2人分はあるぞ」と言いました．
> はじめの希望者は何人だったのでしょうか．
>
> （武蔵）

二郎　何をしてよいのかわからないような問題だね．さっぱりわかんないや．

父　じゃあ，おまえの得意なヤマカンで答えの見当をつけてみてごらん．

二郎　うーん．「18粒余って配れなかった」ってことから，最終的な希望者は19人以上だよね．じゃあ，微妙なセンで，初めの希望者を16人としてみよう．

■具体的な数をあてはめてみながら，問題のしくみ，なりたちをさぐっていきます．

父　では，はじめの希望者は16人として，つじつまがあうかどうか，調べてみてごらん．

二郎　　はじめの希望者：16人→種の数は16の倍数
　　　　最終的な希望者：19人→種の数は19の倍数＋18

うーん．何か手がかりはないのかな．

先生の言葉がヒントになる．「あと3人分はないけれども2人分はあるぞ」か．残り18粒が2人分〜3人分のあいだだから，1人分は6粒より多く9粒以下だ．

つまり，7粒か8粒か9粒．

まてよ，

　希望者が16人から19人に増えると，1人の取り分は当然減るよな．

もしも，2粒ずつ減ったら，16×2＝32（粒）も合計で減ることになる．その32粒が新しい3人にまわって，18粒余るんだから，新しい3人の合計の取り分は，32−18＝14（粒）．14粒を3人で平等に分けるのは，無理だよ．

取り分が3粒ずつ減ったらどうだろう．16×3＝48（粒）合計で減って………48−18＝30（粒）が新しい3人の取り分で………30÷3＝10が1人の取り分か．

1人の取り分は7，8，9のどれかなんだから，これじゃ多すぎるよ．

どうやら16人はダメそうだな………

父　ずいぶん苦労したようだが，ポイントはちゃんとつかんでいる．

はじめの希望者を☐人とする．この☐人の取り分を1粒か2粒か3粒ずつ減らして，その分…＊を新しい希望者3人に分ける．
　　すると，新しい3人は，7粒か8粒か9粒もらって，あと18粒余らせた．

二郎 新しい3人が7粒か8粒か9粒ってことは，＊の部分が
$$3×7+18＝39　か$$
$$3×8+18＝42　か$$
$$3×9+18＝45$$
ということだね．つまり，「はじめの希望者の人数」×何か，が39か42か45のどれかになるってことだ．
　　そこで39，42，45の約数が「はじめの希望者の人数」の候補だけど………

父 最終的な希望者は19人以上だから，「はじめの希望者の人数」が15以下ってことはないよ．

二郎 じゃあ，42÷2＝21 しかありえないじゃない．39じゃ，3人たして42で，クラスの人数を越えちゃうしさ．

父 21しか答えの候補がないことはわかった．それで21ならうまくいくのかね．

二郎 21しかないんだから，あたりまえだけど，一応あてはめてみようか．
　　はじめの希望者は21人．→希望者が3人増えたんで，この21人は，花の種を2粒ずつ手放す．──→計21×2＝42(粒) うく．──→18粒余らせて24粒が新しい3人の懐に入る．つまり8粒ずつ．つまりはじめは，10粒ずつ配ったんだから，21×10＝210(粒) あったんだ．
　　次に希望者が3人増えて24人になったんで，1人分は210÷24＝8…18 より8粒になって，余りは18粒．
　　これなら矛盾はないよ．あてはめ成功ってことだ．

父 具体的な数をあてはめて検証する，という作業をしたことで，問題のポイントがよく見えるようになったわけだ．
　　はじめから，一発であざやかに解こうと思うと，腕をくんだまま立往生しかねない．
　　数学の問題を解くには具体と抽象の往復が大切なんだが，具体的に考えを進めるためには，「あてはめる」ってことも結構大切なことなんだよ．

二郎 考えてみると，つるかめ算で，「仮に全部かめだとすると………」って決めつけるのも，このヤマカン，アテハメの世界なのかもね．ヤマカンで全部カメだーって決めつけてから，あとで，くいちがいを補正するんだ．
　　ところで，この武蔵の問題にきちんとした解答をつくるとどうなるの．

父 天下り式に解答をかけば右図のようになるよ．
　　でも，いきなりこの図をかく前に，まずあてはめて，どういう意味の問題なのかさぐることが大切じゃないかな．

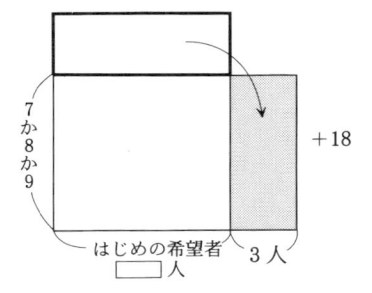

5日目

父　1題1題，重厚な文章題をこなしていくなかで，カンも経験もみがかれてくる．武蔵という学校は，生徒に見当をつけさせては作業させ，さらに推理もさせるといった問題が大好きだね．

今日も武蔵の問題といこう．

■センスの有無を問う良問です．15〜20分で挑戦してみましょう．

問題

A，B，C 3種類の玉があります．それぞれの玉の1個の重さと個数は表のとおりです．

種類	1個の重さ	個数
A	5.7g	19
B	5.0g	20
C	3.3g	20

これら59個の中からいくつか選んで1つの袋に入れ，重さを測ったら204gでした．（袋の重さはのぞいてあります．）

袋の中にはAが何個，Bが何個，Cが何個入っていると考えられますか．考えられる場合をすべて書きなさい．

（武蔵・誘導略）

二郎　1目見てわかるのは，AとCは組みあわせなきゃつかえないってことだよ．小数点以下が消えなければ，話にならないもんね．

父　でも小数点以下を消すだけなら，ほかにも方法があるだろう．

二郎　どんな？

父　10個あつめてくればいいのさ．たとえばA 10個なら57gになる．

二郎　C 10個なら33gってわけか．

まてよ，いいことを考えた．AもBもCも全部の個数をつかったら，トータルで何gになるんだろう．

$5.7 \times 19 + 5.0 \times 20 + 3.3 \times 20 = 274.3$　か．

もし，AもCも10個未満だったら，(5.7+3.3)が10ペアは減るから，90も減って200以下になっちゃう．これはだめだから，A 10個かC 10個は必ずあるってことだね．

場合分けをしてみよう．

(1) AもCも10個以上ある場合，

A 10個，C 10個をあらかじめ全体からひいておくと，

(A 1個，C 1個のペア……9g) がいくつかと (B……5g) がいくつかで計114gになる．

Bはいくつ集まっても5の倍数だから，9gのペアが何個か集って，5でわると4余る数になればいい．

$9 \times 1 = 9$　　$9 \div 5 = 1$ あまり 4
$9 \times 2 = 18$　　$18 \div 5 = 3$ あまり 3
　　　　　⋮

■つまり，Cが13個なら，Aは3個か13個でないと小数点以下が消えません．

などとやると，あまりが4になるのは9gのペアが1個，6個のとき．

でも9gのペアが1個じゃ，5gのBを最大の20個つかっても114gに

届かないから，9gのペアは6組．このとき，114－9×6＝60　だから
　　　60÷5＝12(個)のBをつかえば合計で114gになる．
　　　つまり，1つの答えは，**A 16個，B 12個，C 16個**のとき．
（2）　Aは10個以上あって，Cは10個未満のとき，
　　　A 10個をあらかじめ全体からひいておくと，
　　　　　　　204－5.7×10＝147
　　　9gのペア(9組まで)と5gのB(20個まで)でこの147をつくるには，
　　　　　　　9×8＋5×15＝147
　　　しかない．よって，あと9gのペア8組と5gのB 15個だから，
　　　　もう1つの答えは，**A 18個，B 15個，C 8個**
（3）　Aは10個未満で，Cが10個以上のとき，
　　　C 10個をあらかじめ全体からひいておくと，
　　　　　　　204－3.3×10＝171
　　　9gのペア(9組まで)と5gのB(20個まで)でこの171をつくるには，
　　　　　　　9×9＋5×18＝171
　　　しかない．よって，あと9gのペア9組と5gのB 18個だから，
　　　　最後の答えは，**A 9個，B 18個，C 19個**
　ふー，つかれた．何てめんどうな問題なんだろう．父さんはこの問題で何がいいたかったのさ．

父　問題の流れを復習してごらん．まず，
　① 小数点以下をなくすために，AとCをペアにする．
　というのが1番最初の発想だった．
　そこでまず，
　② AとCが同数で，すべてペアにできるもの，と決めうちしてしまったわけだ．
　そこからあとは比較的簡単なあてはめで，A＝16，B＝12，C＝16
　が出てくる．次に
　③ できるだけAとCのペアをつくったあとでも，AまたはCが10個まとまってある場合，
　を考えたわけだ．この場合も，あとは1の位の数字に注目したあてはめで片づいた．

二郎　ヤマカンにも根拠があるってことか．どうやらAもCも10個集まるか，ペアにするかしないといけないと気づいた時点で，こちらが解答をさがしていく道すじは，もう3つのタイプしかなかったんだ．
　　　A，C同数………これが(1)の場合
　　　AがCより10個多い．これが(2)の場合
　　　AがCより10個少ない．これが(3)の場合
この3つしか場合がないんだということに気づくまでが勝負なのかあ．あとはただ計算するだけだからね．

6日目

■挑戦問題5分.
細かいところに注意をうばわれて場合分けしだしたりすると、大変なことになります.

父　おまえのこのあいだ受けてきた模擬試験を解いてみたんだが、あれはおもしろかった. 特にお父さんにとって面白かったのは3と2なんだが、それは、両方とも大雑把感覚を必要とする問題だったからだ.

そのまま出しては、おまえはできてしまうだろうから、ちょっと改題して出すことにしよう.

> **問1** A, B, Cの3人が①〜⑦の7題の問題に対して、右の表のように答えました. 正解はどれもアかイのどちらかで、1題20点の140点満点です.
> Cの得点が120点で、3人の平均点が90点以上になるとき、A, Bの得点はそれぞれ何点ですか.
>
> | | ① | ② | ③ | ④ | ⑤ | ⑥ | ⑦ |
> |---|---|---|---|---|---|---|---|
> | A | イ | ア | ア | イ | ア | イ | イ |
> | B | ア | ア | イ | ア | イ | イ | ア |
> | C | イ | イ | ア | イ | ア | イ | ア |

二郎　1問20点の140点満点だから、Cが120点ってことは、1問しかまちがえていないってことだね.

じゃあ①がまちがえと仮定してためしてみて、次に②がまちがえだと…………
……

父　そりゃあ、大変だよ. もう1つ、3人の平均点が90点以上になるという条件があるだろう.

二郎　「平均の問題は総和に着目」とかやったなあ. 3人あわせた得点が90×3の270点以上ってことだね. Cが120だから、A, Bあわせて150点以上.
ハテ………？（考えこむ）

■AとBで答えが異なる問題が多いのに、平均点がこんなに高いということは………

父　何をそんなに考えてるんだね.

二郎　①, ③, ④, ⑤, ⑦番はAとBの答えが違うんだ. つまり、どっちかはあってて、どっちかはちがってる. だから2人あわせて20×5＝100（点）だ.
すると、残りの②と⑥は、A, Bどちらも正解でないと、150点をこえないよ.

父　では、②の正解はア、⑥の正解はイに決定だね.

二郎　すると、Cは②をまちがえたことになるから、あとは正解ってことだね.
答えは①から順に、イ、ア、ア、イ、ア、イ、ア
よって、Aは、120点、Bは60点だ.

父　AとBをあわせた得点に注目することによって、正解がしぼりこめたわけだね. AとBの答えが違うところに目をつけたのは、さすが、ヤマカンのおまえならではだな………次はどうだ.

> **問題2**
> ドーナツ生地を（図1）のように、厚さ1cm、たて32cm、よこ1mの長方形にのばし、ここから（図2）のようなドーナツをくりぬきます. な

るべく多くくりぬき終わったら，残りの生地をまとめて，もう1度，厚さ1cm，たて32cmの長方形にのばし，1回目と同じ大きさのドーナツをくりぬきます．このことをくり返すと，合計いくつのドーナツをくりぬくことができますか．ただし，円周率は3.14とします．

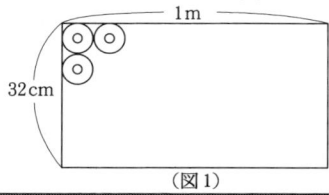

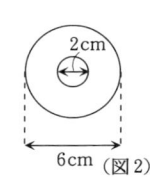

（図1）1m，32cm　　（図2）2cm，6cm

二郎 ねぇ，このあいだのテストでは，たて28cm，よこ50cmだったのに，もっと数字が増えてるよ．1回目のくりぬき，2回目，……って計算するのは，あんまりだよ．

父 そこで，ヤマカンの二郎の登場というわけだ．
ドーナツをこれ以上くりぬけなくなったときの形はどんな具合になっている？

図1　6cm以下　32cm

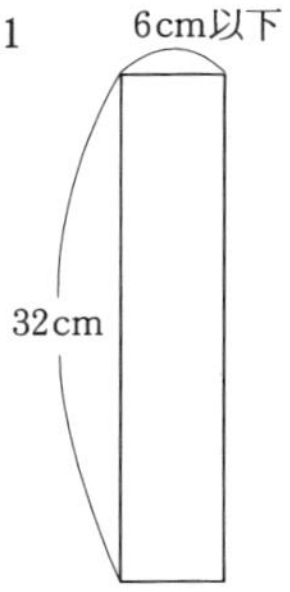

二郎 右図のような具合さ．よこが6cm以上なら，まだくりぬけるからね．

父 すると………残りの生地はどうなったんだろう？

二郎 あっ，みんなドーナツになっちゃったんだ．
すると，たて32cm，よこ6cmの部分をのぞいた，たて32cm×よこ94cmの部分はみんなドーナツになってるんだ．
　ドーナツ1個を面積で考えると， 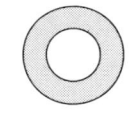
　（3×3－1×1）×3.14＝25.12　だから
　32×94÷25.12＝119 あまり18.72 ……………………①
このぐらいの計算なら楽勝だよ．

父 ドーナツは119個以上は必ずできることがわかったわけだ．
ところで，ドーナツはたてに何個ずつできる．

■最終的にできるドーナツは5の倍数というところが気づきにくいかもしれません．

二郎 32÷6＝5あまり2だから，5個ずつだよ．そうか，最終的にできるドーナツは5の倍数で119以上だから，120か125ぐらいだね．
ためしに，**120個**にすると，残りはもう，たて32cm よこ6cm以下になっちゃうよ．
これだけで，もう120個って決まっちゃうんだね．
1回1回わっていかないでも，ほとんど1回のわり算ですべて終わっちゃうんだね．

父 われわれの受験勉強も，そろそろおしまいとしよう．あと1週間たてば，受験ということだからね．最後がヤマカンの授業だったけど，入試ではあくまでカンだけにはたよらずていねいにやるんだよ．

二郎 「チャレンジ精神」だけが不安をふきとばせるんだね．

父 そうだ．結果をおそれずにがんばってきなさい．

❦ あとがき ❦

　本書の元になる連載をした頃，私は結婚したてで，子供はいませんでした．ですから，この本は私と子供との対話を通じて生まれた本ではありません．むしろ，昔父親に算数を習った経験などを元に，連載をしていました．私はいわゆる都市部の有名中学出身者ですが，小学生時代に塾に通った経験がありません．大学生になって塾教師のアルバイトをするまで，塾でどんな教え方をするのかは全く知りませんでした．いざ，塾で教え出してみると驚くことばかりです．へえ，この問題をこのやり方で解かせるんだ（いやはや，子供たちがかわいそうだな）．こんな風に教えれば子供はもっとできるようになるのに，何でマニュアル的な教え方ばかり幅を利かせているのかなあ．

　まあ，若気の至りでそう感じた部分もあるのですが，そのうちにもっと本質的な部分に気づいてきました．つまり，優秀な塾の先生たちは，仮に良いやり方を知っていても，一度に数十人を教えるという営みの中では，1人の子供とじっくり納得の行くまで対話する暇が無いのです．実際，その後知り合った塾の先生の中には，マニュアルにとらわれずに手作りの優秀な授業をしようとしている人が何人もいました．でも，その恩恵を受けられるのは，その先生が今年はこの生徒と心ひそかに決めた少数の生徒だけで，後の生徒は対話の少ない大きな教室に，一律の授業を受けて放っておかれるわけです．

　これは可哀想だ．やはり親なり家庭教師といった十分に子供を把握できる人が，対話をしながら彼らの疑問に答えていってやらないと，そして彼らの導き手と成ってやらないと．でも，昨今は，親にも算数は難しすぎて訳がわからないと言うしなあ．

　私はそんなことをつぶやきながら，一人の生徒（ひょっとしたら昔の自分？）と問答するような具合に連載をしていったのです．

　時を経て，私も一人の男の子の父親となりました．そんなある日，東京出版からこの連載を本にしてみないかといわれて，私は一寸冷や汗をかきました．家庭教育こそ教育の王道，そんな信念は変わっていないものの，子育てというものは理屈どおりに行くものではなく，私自身子育てに悪戦苦闘していたからです．

　でもいいか，こうなったら，息子相手にこの本を試してみるかな（まだ先の話ですが）と覚悟を決めてこの本は出版の運びと成りました．

　ですから冗談を言えば，この本は十年後に多少書き加えられる可能性があります．（冗談ですからね．）

　最後になりますが，本書を手にされた皆様の成功をお祈りいたします．どうかお子様に良い人生がありますよう．また，いろいろとお世話になった東京出版の皆様にこの場を借りてお礼申し上げます．

（著者記す）

親と子の算数アドベンチャー　©

2002年 4月 5日　第1刷発行
2021年 6月15日　第7刷発行

著　者	栗田哲也
発行人	黒木美左雄
整版所	錦美堂整版
印刷所	光陽メディア
発行所	東京出版

〒150-0012
　　　東京都渋谷区広尾 3-12-7
電　話　（03）3407-3387
振　替　00160-7-5286
http://www.tokyo-s.jp/

ISBN978-4-88742-049-6